昭和陸軍全史 1
満州事変

川田 稔

講談社現代新書
2272

目次

プロローグ——満州柳条湖鉄道爆破

「独走」のはじまり

一九三一年（昭和六年）九月一八日午後一〇時すぎ、中国東北地方の満州・奉天《ほうてん》（現在の瀋陽《しんよう》）近郊の柳条湖《りゅうじょうこ》付近で、日本経営の南満州鉄道（満鉄）線路が爆破された。

まもなく、関東軍（南満州に駐留する日本軍）から中国軍の犯行によるものとの発表がなされる。一般国民には太平洋戦争終結まで、そのように信じられていたが、実際には関東軍によって実行されたものだった。

首謀者は、関東軍の板垣征四郎《いたがきせいしろう》高級参謀、石原莞爾《いしはらかんじ》作戦参謀。爆破の直接の実行は、独立守備隊第二大隊第三中隊付の河本末守《こうもとすえもり》中尉ら数名で行われた。爆破そのものは小規模に止まり、レールの片側のみ約八〇センチを破損したが、直後に急行列車が脱線することなく通過している（鉄道爆破計画の参画者は、石原・板垣ら少数）。

この時、板垣高級参謀は、奉天の日本側軍施設で待機していた。板垣は、実行部隊から鉄道爆破の連絡を受けると、中国側からの軍事行動だとして、独断で北大営《ほくたいえい》（中国側兵営）と奉天城への攻撃命令を発した。高級参謀にはこのような攻撃命令の権限はなく、軍司令官の追認がなければ軍法会議で処断される行為だった。

　攻撃命令が出された直後に、板垣に面会した奉天総領事館の森島守人《もりしまもりと》領事は、外交的解決を主張した。だが、板垣高級参謀は、「すでに統帥《とうすい》権の発動を見たのに、総領事館は統帥権に容喙、干渉せんとするのか」、と恫喝《どうかつ》した。また、同席していた花谷正《はなやただし》奉天特務機関補佐官も、抜刀して、「統帥権に容喙する者は容赦しない」、と森島を威嚇した（森島守人『陰謀・暗殺・軍刀』）。

　攻撃の対象となった北大営は奉天市街北部にある中国軍の兵舎で、約七〇〇〇名が駐屯していた。また市街地中心部の奉天城には、張学良《ちょうがくりょう》東北辺防軍司令の執務官舎があった。ただ、張学良自身はこの時、北京《ペキン》（当時北平《ほくへい》）に滞在中だった。

　当時、関東軍は兵力約一万で、独立守備隊と第二師団（師団本部は仙台）によって構成されていた。関東軍司令部は遼東半島南端の旅順《りょじゅん》に、独立守備隊司令部は長春《ちょうしゅん》南方の公主《こうしゅ》嶺《れい》に、第二師団司令部は奉天南方の遼陽《りょうよう》に、それぞれ置かれてあった。

　この日、本庄繁《ほんじょうしげる》関東軍司令官と石原作戦参謀ら幕僚は、数日前からの長春、公主嶺、奉天、遼陽などの視察を終え、午後一〇時頃、旅順に帰着した。だが、板垣高級参謀は奉天に残っていた（当時関東軍司令部参謀は石原、板垣を含め五名）。

　北大営攻撃には独立守備隊歩兵第二大隊が、奉天城攻撃には第二師団歩兵第二九連隊が

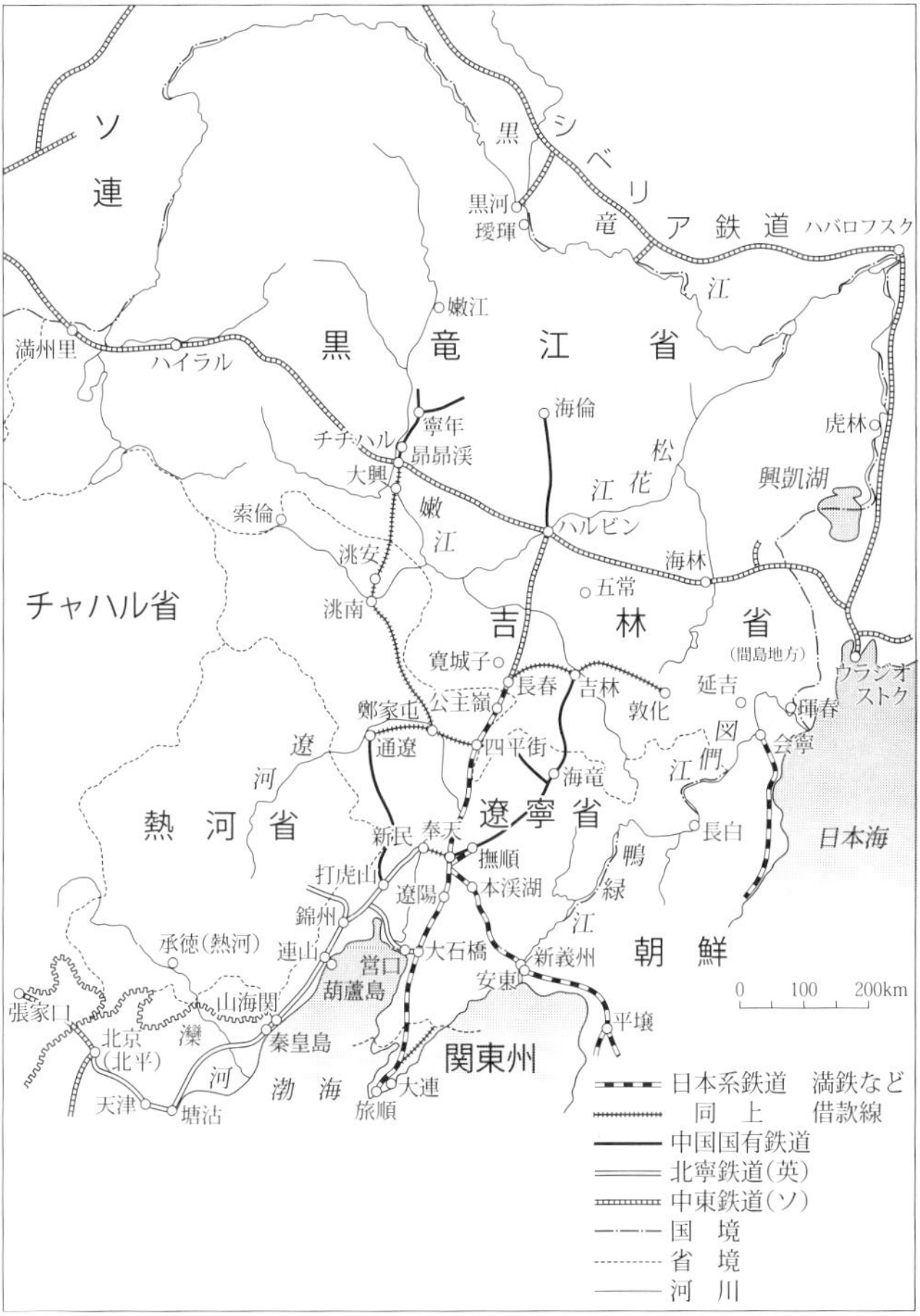
ソ連
シベリア鉄道
黒竜江
黒河
瑷琿
ハバロフスク
嫩江
満州里
ハイラル
黒竜江省
寧年
チチハル
昂昂渓
大興
海倫
松花江
虎林
興凱湖
索倫
嫩江
洮安
ハルビン
海林
五常
チャハル省
洮南
吉林省
(間島地方)
寛城子
長春
吉林
敦化
延吉
ウラジオストク
鄭家屯
公主嶺
琿春
遼河
通遼
四平街
図們江
会寧
海竜
熱河省
新民
奉天
遼寧省
長白
日本海
撫順
鴨緑江
打虎山
本渓湖
遼陽
錦州
承徳(熱河)
連山
営口
大石橋
新義州
朝鮮
安東
葫蘆島
張家口
山海関
0 100 200km
灤河
平壌
北京
(北平)
秦皇島
関東州
渤海
大連
天津
塘沽
旅順
日本系鉄道 満鉄など
同上 借款線
中国国有鉄道
北寧鉄道(英)
中東鉄道(ソ)
国境
省境
河川

満州事変関係地図

あたった。両部隊は、この時奉天に駐屯していた。北大営は翌一九日午前六時半頃には日本側に占領され、奉天城も午前四時半頃にはすでに日本側の手に落ちていた。

北大営の中国軍は当初不意を突かれるかたちで多少の反撃を行ったが、本格的には抵抗することなく撤退した。これは張学良が、かねてから日本軍の挑発には慎重に対処し、衝突をさけるよう在満の自軍（東北辺防軍）に指示していたためだった。北大営での戦闘による日本側の戦死二名、負傷二二名。中国側の遺棄死体約三〇〇とされている。

このように満州事変の口火が切られたのである。

「自衛行動」の名のもとでの占領

九月一八日午後一一時半過ぎ、旅順の関東軍司令部に奉天から、中国軍によって満鉄線が破壊され交戦中との電報が入った。板垣がすでに攻撃命令を下した後の発信だった。

知らせを受けた本庄関東軍司令官は、当初現場（奉天）付近の中国兵の武装解除程度の対処を考えていた。だが、石原ら幕僚たちの、奉天のみならず満鉄沿線の中国軍を撃破すべきだ、との強硬な意見具申によって、本格的な軍事行動を決意。一九日真夜中の午前一時半頃から、石原起草の命令案により関東軍各部隊に攻撃命令を発した。中国側の攻撃に対する「自衛行動」として、満鉄沿線要地の攻撃・占領を命じたのである。

またそれとともに、有事における正規の作戦計画に基づき、朝鮮軍（朝鮮に駐留する日本軍）にも来援を要請した。

関東軍の攻撃占領対象は奉天のみならず長春・安東《あんとう》・鳳凰城《ほうおうじよう》・営口《えいこう》などに及んだ。ちなみに、奉天・長春は満鉄本線沿線に、安東・鳳凰城・営口は満鉄支線沿線にあった。

その後、午前三時半頃、本庄軍司令官や石原ら幕僚は、特別列車で旅順から奉天へ出発した。関東軍司令部を奉天に移すためだった。列車は正午頃奉天に到着し、東洋拓殖会社ビルに臨時軍司令部が置かれた（この間、中国側からの即時停戦申し入れを拒否）。

奉天占領のための戦闘では、日本側の戦死二名、負傷二五名。中国側遺棄死体約五〇〇。飛行機六〇機、戦車一二輛を捕獲した。安東・鳳凰城・営口などの占領は、比較的抵抗が少なく実行された。だが、長春付近の南嶺《なんれい》・寛城子《かんじようし》には約六〇〇〇の中国軍が駐屯しており、日本軍の攻撃に抵抗。一部で激戦となった。日本軍は、六六名の戦死、七九名の負傷者を出し、ようやく中国軍を駆逐した。

こうした経過をたどりながら、関東軍は、一九日中に、満鉄沿線の南満主要都市をほとんど占領した。

この日の夕刻午後六時、本庄関東軍司令官は、陸軍中央（東京）の金谷《かなや》範三《はんぞう》参謀総長宛の電信で、南満・北満を含めた全満州の治安維持を担うべきとの意見を具申した（参謀本部「満洲事変に於ける軍の統帥（案）」『現代史資料』第一一巻）。事実上全満州への軍事展開を主張したのである。そして、そのための三個師団の増援を要請し、経費は満州で負担できると付言していた。

これは、石原作戦参謀のプランに基づくもので、関東軍の志向する満州事変の今後の方向性を示すものだった。

急遽決行

では、柳条湖での事件を発端とする満州事変の計画は、現地において、どのように形成され実行に移されたのだろうか。

関東軍の板垣征四郎高級参謀、石原莞爾作戦参謀らは、かねてから日中間で紛糾していた満蒙問題解決のためとして、武力行使による全満州占領を考えていた（満蒙とは満州と東部内蒙古をさす）。関東軍内の地位は板垣が上だったが、実際の主導権は石原にあった。

石原は、関東軍赴任前から、二〇世紀後半期に日米間で世界最終戦争が行われることになるとの独自の信念をもっていた。そして、その日米世界最終戦争に備えるため、北満を含めた全満州の領有、さらには中国大陸の資源・税収などの掌握を企図していた。

一九二八年（昭和三年）一〇月に関東軍に赴任した石原は、旧知の板垣の着任（翌年五月）

を待って、具体的行動に動き始める。

一九二九年（昭和四年）六月、関東軍の北満参謀演習旅行が行われた。田《た》中《なか》義《ぎ》一《いち》政友会内閣の末期である。そこで、石原は、「満蒙問題の解決は日本が同地方を領有することによりて始めて完全達成される」とする私案「国運転回の根本国策たる満蒙問題解決案」などを参謀たちに示した（傍点は引用者、以下同じ）。

一般には、満州事変は、世界恐慌下（一九三〇年代初頭）の困難を打開するため、関東軍によって計画・実行されたものとの見方が多い。だが、これをみると、石原は、世界恐慌以前に、満蒙領有計画を立案していたことが分かる。後述するように満州事変の深部の動因は、世界恐慌とはまた別のところにあった。

さらに石原は、一九三一年（昭和六年）五月、「満蒙問題私見」を作成する。そこでは、満蒙問題の解決策は「満蒙を我が領土とする」ことであり、「謀略により機会を作製し軍

関東軍首脳

部主動となり国家を強引す」べきだと主張している。

そしてこの段階で、満蒙領有が、恐慌による「不況を打開する」手段にもなるとの位置づけが付加された。世界恐慌の波及が、方針実行の絶好のチャンスとされたのである。石原・板垣らは、これらに基づき、同年六月初めごろには、柳条湖での謀略から戦闘行為を開始すべく計画準備を本格化し、九月下旬決行を申し合わせた。

石原の日記によれば、五月三一日に、板垣・石原らは、「満鉄攻撃の謀略」に関する打ち合わせを行っている。また、六月八日には、「奉天謀略に主力を尽くす」ことに意見が一致した。

このように石原、板垣らは、九月下旬、二七・二八日頃の謀略決行を計画していた。ところが、九月初旬、外務省に、関東軍の一部士官が満州で事を起こす計画中であるとの情報がもたらされ、外務省は陸軍に真偽の問い合わせをおこなった。また、九月一一日には、昭和天皇から南次郎《みなみじろう》陸相に軍紀に関し注意があった。外務省の情報などから陸軍の動きを危惧していた、元老西園寺《さいおんじ》公望《きんもち》の意向によるものだった。西園寺は唯一人の元老（維新以来の元勲）として、宮中に強い影響力をもっていた。

九月一四日、関東軍から陸軍中央に現状視察の依頼があり、陸軍中央首脳は、天皇の意向も考慮して、関東軍の動きを抑えるため建川美次《たてかわよしつぐ》参謀本部作戦部長の満州派遣を決めた。

翌一五日、奉天総領事から幣原喜重郎《しではらきじゅうろう》外相に、関東軍が近く軍事行動を起こすとの緊急の情報が入った。すぐ幣原は南陸相に、このようなことは「断じて黙過する訳にはいかない」、と強く抗議した。南陸相ら陸軍首脳は、この申し入れもあり、あらためて建川に武力行使を押し止めるよう指示。建川はその日に北九州・朝鮮経由で満州に向かった。この時点で建川自身は、石原らの計画の一部は承知しており、実行を九月二七日と考えていたという（「建川美次中将談」森克己『満州事変の裏面史』）。

このような軍中央の動向について、東京から連絡を受けた関東軍の石原・板垣らは、当初の予定を変更して、急遽決行日時を九月一八日夜に繰り上げたのである。

昭和期陸軍の劃期

一方、東京の陸軍中央でも、永田《ながた》鉄山《てつざん》らを中心に中堅幕僚の横断的グループ「一夕会《いっせきかい》」が結成され、その中核メンバーの間では満蒙領有が秘かに検討されていた。次期世界大戦にむけて、国内で不足する資源を中国から確保するため、その足がかりとして満蒙の政治的支配権を獲得しようとするものだった。この一夕会が、柳条湖事件後、東京の陸軍中央において関東軍の動きを支援することとなる。

たとえば、陸軍省の永田鉄山軍事課長、岡村寧次《おかむらやすじ》補任課長、参謀本部の東条英機《とうじようひでき》編制動員課長、渡久雄《わたりひさお》欧米課長などが、石原らと連携し、「関東軍の活動を有利に展開させる」（『岡村寧次日記』）方向で動きはじめる。永田、岡村、東条、渡はすべて一夕会に属しており、石原、板垣も一夕会メンバーだった。この永田・石原らの陸軍一夕会には、そのほか、鈴木貞一《すずきていいち》軍事課支那班長、武藤章《むとうあきら》作戦課兵站班長、田中新一《たなかしんいち》教育総監部員なども加わっていた。永田、石原、東条、武藤、田中らは後に、陸軍を動かす中心人物となっていく。

当時の若槻礼次郎《わかつきれいじろう》民政党内閣は、事件直後から明確な不拡大方針をうちだした。南次郎陸相・金谷範三参謀総長ら陸軍首脳部も、内閣の意向を尊重し事態不拡大の方針だった。だが永田らの一夕会系中堅幕僚グループは、それに抗して関東軍の行動を支持したのである。

そして、満州事変の展開にともない、陸軍中央において、関東軍の動きを抑えようとする首脳部と、関東軍の行動を支持する一夕会系中堅幕僚との抗争が激化する。南陸相、金谷参謀総長をはじめ当時の陸軍首脳部は、いわゆる宇垣派によって占められていた。宇垣派とは、政党政治期に長く陸相を務めてきた宇垣一成《うがきかずしげ》（岡山出身）を中心とする陸軍主流派である。

この宇垣派陸軍首脳と一夕会系中堅幕僚の抗争は、若槻民政党内閣の総辞職と犬養毅《いぬかいつよし》政友会内閣の成立によって決着がつく。

一夕会の政治工作によって、犬養内閣の陸相に一夕会が擁立する反宇垣派将官荒木《あらき》貞夫《さだお》が就任。それを契機に、陸軍中央主要ポストから宇垣派が追放され、一夕会系幕僚が陸軍

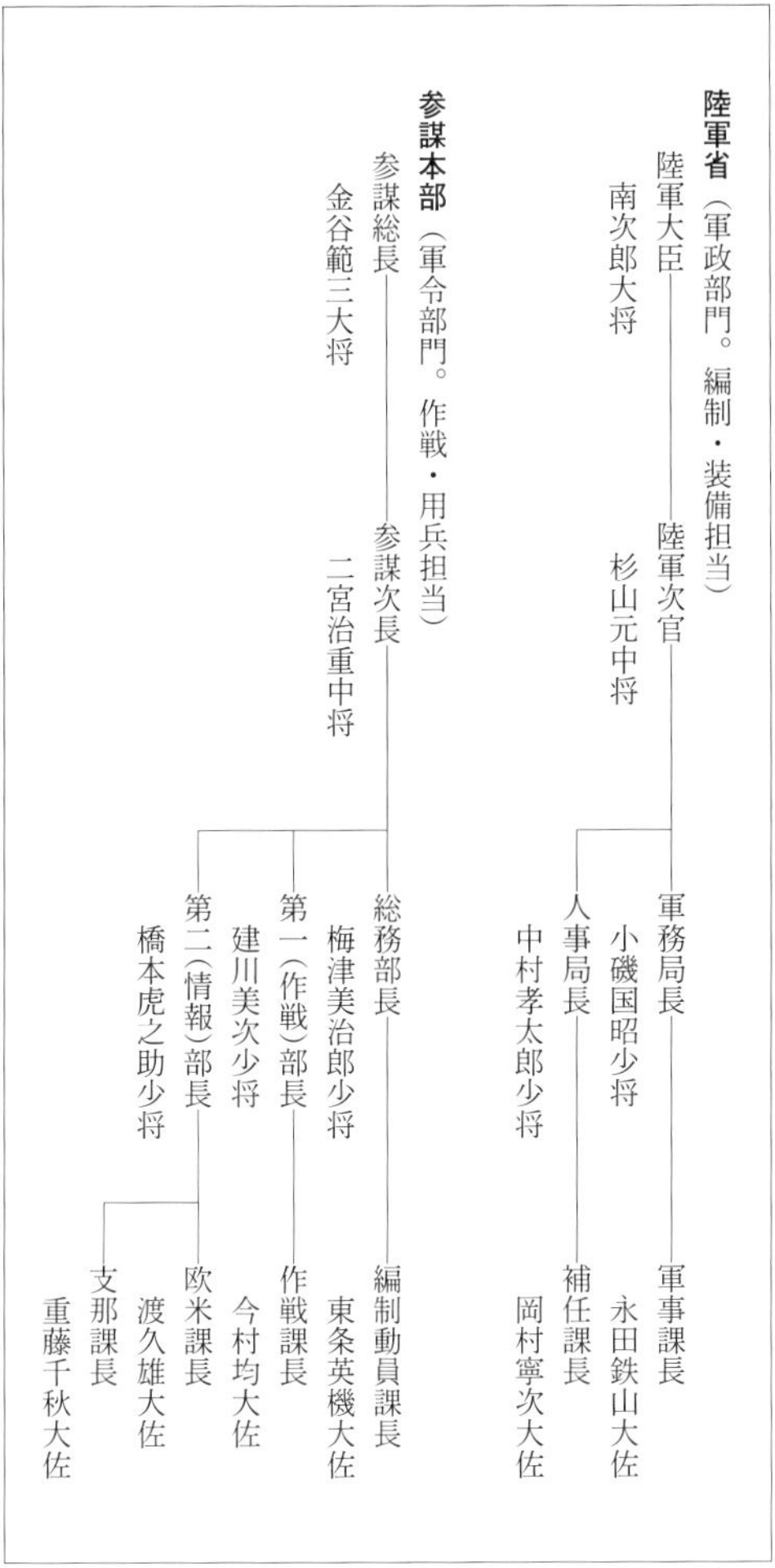

満州事変開始時の陸軍中央

中央要職をほぼ独占することとなる。

陸軍における権力転換がおこなわれたのである。

一般にはあまり知られていないが、この権力転換は、昭和期の陸軍にとって重要な歴史的意味をもつものであり、この時点から陸軍の性格が大きく変わることとなる。

荒木陸相以下刷新された陸軍中央は、ただちに関東軍の全満州占領や満州国建国の方針を承認し、満州への増援部隊の派遣を決定する。

そして、彼らの圧力によって、五・一五事件（犬養首相暗殺）後、政党政治は終焉《しゅうえん》を迎える。

この新しい陸軍すなわち「昭和陸軍」主導のもと、日本は、国際連盟脱退、日中戦争、そして太平洋戦争へと進んでいくこととなる。

その意味で、満州事変は昭和期の陸軍にとって重要な劃期となる出来事だったといえる。

ところで、一般に、満州事変は、満蒙をめぐる日中間の軋轢《あつれき》を原因とするもの、もしくは世界恐慌下の日本の困難を、大陸への膨張によって解消しようとしたもの、との見方がある。

はたして、そうだったのだろうか。

そもそも、関東軍の石原らは、なぜ事変を起こしたのだろうか。

また、陸軍中央の永田ら一夕会は、なぜそのような関東軍の動きを支援したのだろうか。

そのことを念頭に、以下、事変の具体的な展開とともに、永田と石原の構想にも焦点をあてて検討していきたい。

大日本帝国憲法下の陸軍

その前提として、ここで、本書での主な舞台となる、陸軍中央の機構、陸軍省と参謀本部について、簡単に説明しておこう。

陸軍省は、陸軍の編制・装備を担当する「軍政」機関である。明治憲法体制下では、憲法第一二条の「天皇は陸海軍の編制及常備兵額を定む」との規定に基づいており、軍政面において天皇を補佐することを役割とする（陸軍省そのものは、憲法制定前から存在）。

昭和初期には、軍務局、人事局、整備局など七つの局からなり、基本的に各局に複数の課がおかれている。例えば、軍務局では軍事課が、人事局では補任課が中心だった。

陸軍省の全体の最高統括者が陸軍大臣（陸相）である。

明治政府の公式の憲法解釈書ともいえる伊藤博文《いとうひろぶみ》『憲法義解《けんぽうぎげ》』によれば、軍の編制・装備の決定は、天皇「親裁《しんさい》」であるが、「責任大臣の輔翼《ほよく》に依る」とされている。つまり陸軍の場合では陸軍大臣の「輔翼」すなわち「輔弼《ほひつ》」によって決定がなされるわけである。

この解釈は、憲法第五五条の「国務各大臣は天皇を輔弼し、その責に任ず」との規定によっている。ここでの輔弼とは、実際上は陸軍大臣の提案・同意などを意味し、具体的には勅令など天皇の命令への大臣の「副署《ふくしょ》」（署名）で表現される。

この副署について、『憲法義解』は、「法律勅令及びその他国事に係る詔勅は、大臣の副署によって始めて実施の力を得」る、としている。したがって、陸軍の編制・装備に関わる詔勅には、陸軍大臣の副署が必要とされた。

では、担当国務大臣の副署のない、国事に関わる詔勅が出された場合はどのようになるのだろうか。『憲法義解』には「大臣の副署なきものは、従って詔命の効なく外に対して宣下するも、所司の官吏これを奉行することを得ざるなり」、とある。

すなわち、天皇の命令といえども、軍事を含め国事に関わることでは、担当大臣の「副署」（同意・承認）がなければ効力をもたない。したがって、官吏もそれを実行してはならない、とされているのである。一般にはあまり知られていないが、この点は決して軽視できない。

明治憲法では、天皇に「国家統治の大権」があるとされている。だが、明治政府の憲法解釈では、天皇の命令でも、国事に関わるものは、国務大臣の副署（署名）がなければ効力がなく、実行されないのである。

陸軍の編制・装備についても、このことが当てはまり、天皇の決定には陸軍大臣の副署が必要だった。実際には陸相が提案（上奏）し、天皇の裁可があり、その勅令に陸相が副署するかたちがとられた。もし陸相の副署すなわち同意がなければ、天皇の命令といえども実行されないことになっていたのである。陸相は内閣の一員であり、その意味で、陸軍省は内閣のコントロール下にあったといえよう。

戦前の天皇制が、絶対君主制というよりは、立憲君主制（ドイツ型の立憲制的君主制）とされるゆえんである（ただし、イギリス型の議会制的君主制を本来の立憲君主制だとする立場からは、外見的立憲制とされる。立憲君主制、立憲制的君主制、議会制的君主制の異同については、拙稿「戦間期政党政治と議会制的君主制の構想」『思想』第九九六号、参照）。

参謀本部は、陸軍の作戦・用兵を担当する「軍令」機関である。明治憲法第一一条の「天皇は陸海軍を統帥す」との規定に基づくもので、天皇の統帥権に直属し、軍令面で天皇を補佐する役割をもつ（憲法制定前の参謀本部は陸海軍合同組織）。

基本的には、総務部、作戦部、情報部など五つの部からなり（正式には、作戦部は第一部、情報部は第二部）、それぞれの部の下に課がおかれている。編制動員課（総務部）、作戦課（作戦部)、欧米課、支那課(情報部)などが主要なものといえる。

参謀総長がその最高統括者である。

『憲法義解』によれば、軍の統帥については、第一二条と異なり、「専《もっぱ》ら帷幄《いあく》の大令に属する」とされるのみで、「責任大臣の輔翼」については言及されていない。すなわち、陸軍の作戦・用兵の決定については、陸軍大臣の副署を、かならずしも必要としないと解釈されているのである。統帥権の独立とは一面ではこのことを意味する。すなわち陸軍の場合、参謀本部が陸軍省や内閣から独立し、その権限外におかれているのである。

だが、参謀本部の最高責任者である参謀総長が天皇に上奏し允裁《いんさい》をへた統帥命令には、必ず参謀総長が署名している。すなわち、統帥事項については、ここでは参謀総長の署名が、副署の役割をはたしているのである。国務大臣の副署ではなく、統帥部の統括者(参謀総長)の署名が必要とされているといえる。参謀本部の権限に属する作戦・用兵に関する詔勅には、少なくとも参謀総長の同意を要したのである。したがって、天皇は、統帥事項といえども、参謀総長の同意なく命令を発することはできなかったといえよう。その意味で、天皇は、統帥事項については、参謀総長の「輔弼」を受けているのであり、統帥事項に関する詔勅についての取り扱いは、陸軍大臣の輔弼事項と同様であったと考えられている(永井和『近代日本の軍部と政治』、同『青年君主昭和天皇と元老西園寺』)。

天皇は、大元帥として陸海軍のトップに君臨していたが、実際は陸海軍大臣や両統帥部長（参謀総長・海軍軍令部長）の「輔弼」によって、強い制約を受けていたのである。したがって、実際上は、陸軍省、参謀本部ともに軍事について独自の大きな権限をもっていた。後述する、一〇月はじめの南陸相や金谷参謀総長による、事態不拡大を命ずる天皇発言の事実上の無視は、このような制度的文脈のなかでなされたといえよう。

なお、陸相は内閣の一員であり、内閣における閣議決定は、現在と同様、原則として閣僚の全員一致によっていた。陸相は閣議決定に拘束されるが、陸相が反対すれば、閣議決定はできなかった。

また、陸海軍大臣は武官（将官）に限られた。満州事変当時は、必ずしも現役武官に限られてはおらず、予備役もしく後備役（予備役を終えたもの）でもよかった。陸相が辞職した場合、現役あるいは予備後備役の将官から陸相後任者が得られなければ、内閣は総辞職を余儀なくされた。

さらに、内閣総理大臣には、閣僚の罷免《ひめん》権はなく、もし、閣僚の一人が閣議決定のすべてに反対するか、在職のまま閣議への出席を拒めば、総辞職するしかなかった。閣議の全員一致制から、その閣僚が自ら辞職しない限り、閣議決定が不可能となるからである。後述する安達内相による若槻内閣倒閣の例がこれに当たる。

では、満州事変までの陸軍はどのような状況にあったのだろうか。事変当初の陸軍首脳部を構成していた宇垣派は、どのようなものだったのだろうか。そして、これに対抗し、事変を契機に昭和陸軍の核となっていく一夕会は、どのように形成されてきたのだろうか。まず、それをみていこう。

第１章　満州事変への道

バーデン・バーデンのホテル、ステファニー。
ここでの永田鉄山・岡村寧次・小畑敏四郎の会談から「昭和陸軍」は始まった。

1　昭和初期政党政治と陸軍

張作霖爆殺事件

一九二六年（大正一五年）一二月二五日、大正天皇の死去により、摂政《せっしょう》裕仁《ひろひと》親王が即位し、昭和と改元された（正式の即位式は翌年）。

時の政府は、第一次若槻礼次郎憲政会内閣で、陸軍トップは、宇垣一成陸軍大臣、鈴木《すずき》荘六《そうろく》参謀総長だった。

陸軍大臣（陸相）は、内閣の構成員で、陸軍省の最高責任者。陸軍省は、おもに陸軍の編制・装備を担当する、いわゆる「軍政」部門。

参謀総長は、天皇に直属する参謀本部の最高責任者。参謀本部は、おもに陸軍の作戦・用兵を担当する、いわゆる「軍令」部門。

宇垣陸相は岡山出身、鈴木参謀総長は新潟出身だが、ともに長州閥の前陸相田中義一《たなかぎいち》の影響下にあり、長州系とみられていた。長州閥は、明治・大正と陸軍を支配し、当時もなお陸軍中央に強い影響力を維持していたのである（なお、長州出身では津野《つの》一輔《かずすけ》前陸軍次官が、近い将来の陸相候補で田中の後継者と目されていた）。

ことに宇垣は、一九二四年（大正一三年）、田中の強い推挙によって清浦奎吾《きようらけいご》内閣（貴族院基盤）の陸相となった。そして、それ以降、後継の加藤高明《かとうたかあき》護憲三派内閣、加藤高明憲政会単独内閣、若槻憲政会内閣と三代にわたって政党内閣の陸相を務める。その過程で、長州出身ではないが、田中直系の有力将官として、陸軍内で田中に次ぐ影響力をもつようになっていた。

昭和初頭、陸軍次官は畑英太郎《はたえいたろう》（福島）、参謀次長は金谷範三（大分、満州事変時の参謀総長）で、彼らも田中や宇垣によって陸軍中央要職に引き立てられた人物だった。

翌一九二七年（昭和二年）四月、金融恐慌のなか、若槻憲政会内閣は、恐慌対策のための緊急勅令案が枢密院《すうみついん》によって否決され、総辞職した。緊急勅令は枢密院の承認を必要としたからである（枢密院は天皇の諮問機関）。

若槻内閣総辞職後、後継首班について昭和天皇から下問を受けた元老西園寺公望《さいおんじきんもち》は、憲

田中義一

宇垣一成

金谷範三

白川義則

南次郎

政会についで衆議院第二党の位置にあった政友会総裁田中義一を奏薦《そうせん》。四月二〇日、田中義一政友会内閣が成立した。田中は、二年前に現役を退き、政友会有力者からの要請で政友会総裁となっていた。

明治憲法体制のもとでは、内閣総理大臣の任命権は天皇にあったが、実際上は元老の推薦にもとづいて首班決定がなされるのが長年の慣例だった。当時、元老は、山県有朋《やまがたありとも》（長州）、松方正義《まつかたまさよし》（薩摩）らの死去によって、一九二四年（大正一三年）以降、西園寺ただ一人となっていた（その間、元老の補充はなかった）。西園寺は、名門公家の出身で、かねてからイギリス型の議院内閣制を理想としていた。それにもとづき、原則として衆議院第一党の党首が政権を担当し、その内閣が政治的理由によって辞職した場合は第二党が政権に、との考えによって田中を推したのである。

他方、六月一日、野党となった憲政会と政友本党の合同によって民政党が誕生。憲政会で党首の若槻につぐ位置にあった浜口雄幸《はまぐちおさち》が初代総裁に就任した。

さて、田中内閣の陸相には、宇垣にかわって、同じ田中系の白川義則《しらかわよしのり》（愛媛）が就いた

（畑次官は留任）。このころ田中は、白川陸相や宇垣前陸相、鈴木参謀総長などを通じて、陸軍中央になお強い影響力を残していた。

一九二八年（昭和三年）六月、この田中義一内閣、白川陸相のもと、満州で張作霖《ちょうさくりん》爆殺事件が起こる。参謀総長は鈴木が続けていたが、参謀次長は田中・宇垣系の南次郎（大分、満州事変時の陸相）となっていた。

張作霖爆殺事件の経緯はこうである。

六月三日深夜、午前一時一五分、中華民国（北京政府）安国軍総司令張作霖は、自軍による厳重な警戒のなか、北京朝陽門駅から特別列車で奉天へと出発した。

張作霖は、奉天に本拠をおく満州軍閥で、早くから、南満州を勢力圏とする日本と密接な関係をもっていた。そして、一九一〇年代後半には、奉天省のみならず、吉林《きつりん》省、黒《こく》竜江省《りゅうこうしょう》の東三省《とうさんしょう》（満州全域）をその支配圏にいれた（当時中国は軍閥割拠の状態）。

張作霖

その後、一九二〇年代にはいると、満州から、長城（「万里の長城」）をこえて、北京・天津《てんしん》周辺のいわゆる直隷《ちょくれい》地域に進出。北洋軍閥（李鴻章系）直隷派呉佩孚《ごはいふ》らと中華民国北京政府の主導権を争い、北京政府の実権を掌握するとともに、華北地域一帯に勢力を広げていた。

この頃も中国は依然として軍閥割拠の状況下にあった。

そのなかで、一九二六年、南方の広東省広州を拠点とする広東国民政府（国民党主導）は、蔣介石《しょうかいせき》を国民革命軍総司令として、国家統一のための北上を開始した。いわゆる「北伐」である。

河本大作

国民革命軍は、華南、華中の地方軍閥を撃破して、武漢《ぶかん》、南京《ナンキン》、上海《シャンハイ》など主要都市を次々と掌握し、翌年には、中国中央部の揚子江一帯まで進出した。これに対して張作霖は、呉佩孚ら北方軍閥とも連繋して北伐軍に対峙した。

北伐は、日本の山東出兵（後述）などによって一時中断されるが、国民政府は、南京に首都を移して後、総兵力五〇万の陣容で再び北上を開始した。

北方勢力は北伐開始当初、張作霖軍三五万、呉佩孚軍二〇万、直隷系江蘇《こうそ》軍閥孫伝芳《そんでんぽう》軍二〇万などだった。だが、国民革命軍に各地で撃破され、蔣介石らはついに直隷地域に進入、北京にせまった。

張作霖は北京政権に執着し、国民革命軍との決戦を望んだ。しかし、これまで彼を支援してきた日本政府（田中義一政友会内閣）の強硬な満州撤退勧告（後述）に従い、事件前日、

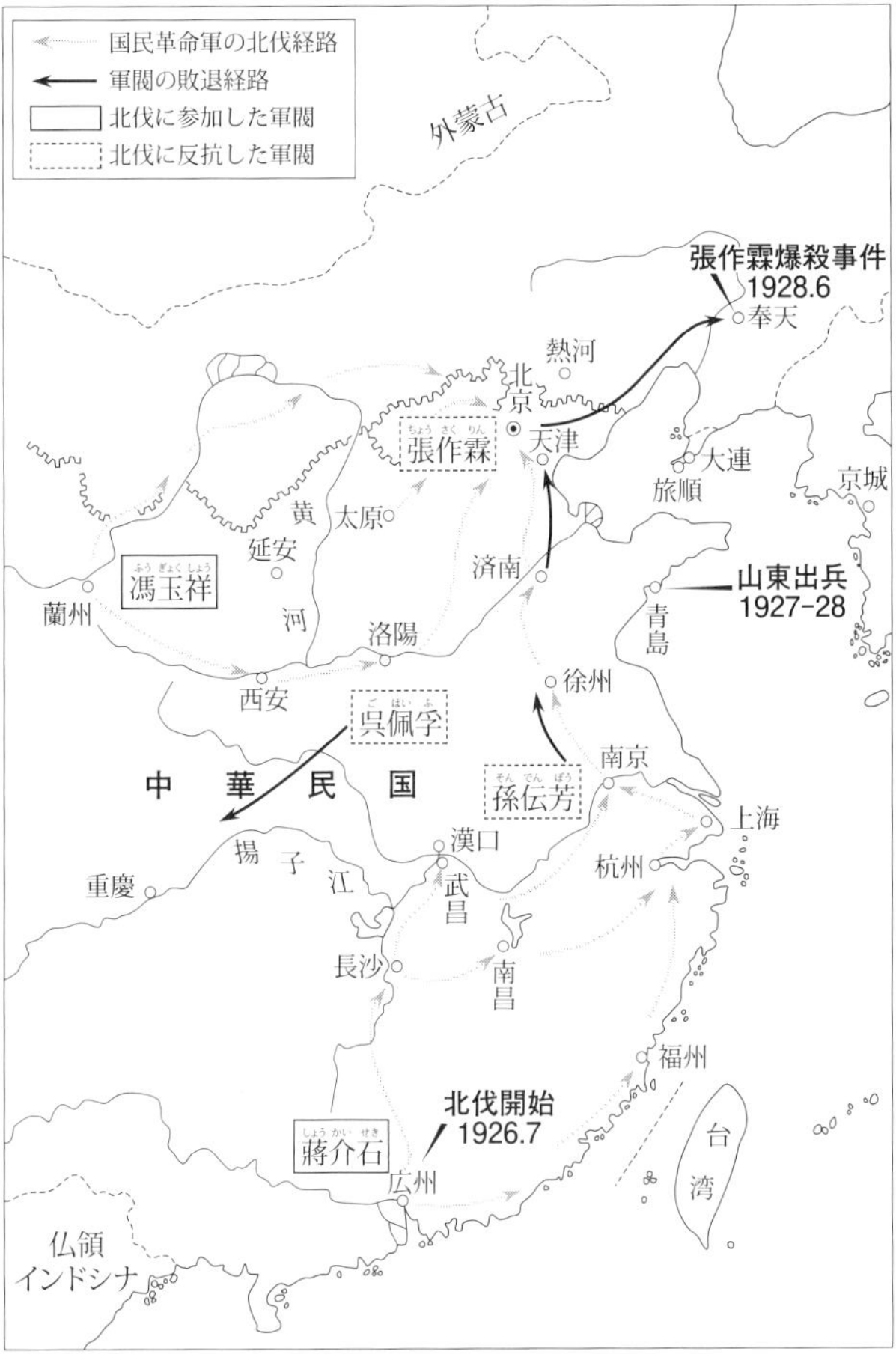
国民革命軍の北伐経路
軍閥の敗退経路
北伐に参加した軍閥
北伐に反抗した軍閥
外蒙古
張作霖爆殺事件
1928.6
奉天
熱河
北京
張作霖《ちょうさくりん》
天津
大連
旅順
京城
黄
太原
延安
河
済南
馮玉祥《ふうぎょくしょう》
蘭州
山東出兵
1927-28
青島
洛陽
西安
徐州
呉佩孚《ごはいふ》
中華民国
南京
孫伝芳《そんでんぽう》
上海
漢口
揚子江
杭州
重慶
武昌
長沙
南昌
福州
北伐開始
1926.7
蔣介石《しょうかいせき》
台湾
広州
仏領
インドシナ

北伐期の中国

北京から奉天に退去することとした。

さて、六月三日午前一時すぎ、北京を出発した張作霖搭乗の特別列車は、南下して早朝午前六時ごろに天津を経由。その後北東に京奉《けいほう》線（北京・奉天間）を進み、午後四時長城東端の山海関《さんかいかん》を通過して満州に入った。

そして、翌四日明け方、午前五時二三分、奉天瀋陽《しんよう》駅に到着直前、京奉線と満鉄線との交差地点で爆破された。張作霖は瀕死の重傷をおって奉天城内の自邸張氏帥府《ちょうしすいふ》に運び込まれたが、まもなく死亡した。京奉線上の満鉄線鉄橋も崩落し、列車は脱線炎上、付近は凄惨な状況となった。

爆破の首謀者は河本大作《こうもとだいさく》関東軍高級参謀だった。河本らは帰還中の張暗殺を周到に計画し、部下を北京および通過駅の山海関、新民屯《しんみんとん》などに派遣。列車の運行状況を逐一報告させていた。当初、日本側はこの事件を南方派便衣隊《べんいたい》（国民党系ゲリラ）の仕業と発表した。だが、間もなく、日本軍によるものであることが、真相をつかんだ通信社によって国際的に知られるようになる。しかし日本政府は詳しい報道を禁じ、一般には「満州某重大事件」として伝えられた。

田中義一首相辞職へ

この張作霖爆殺事件は、時の日本政府・田中義一政友会内閣に大きな衝撃を与えた。田中内閣は、満蒙政策として、これまで日本の影響下にあった奉天軍閥張作霖と提携し、その支配のもとで日本の特殊権益を維持強化しようとしていた。したがって、この時も、北京をふくめ長城以南の中国本土は、蔣介石ら国民政府による統治を容認するが、満蒙についてはそれを認めず、張の勢力を温存しようとしていた。

その方針のもと、田中内閣は、圧倒的に優勢となった国民革命軍が北京に迫りつつある状況のなか、張作霖に満州への早期の撤退を強く勧告した。

それとともに、国民革命軍の長城以北（満州）への進入は実力で阻止する姿勢を示した。また張作霖に対しても、交戦状態で満州に後退する場合は、奉天軍の武装解除をおこなうとの警告を発した。ただ、田中首相は、やむをえず武装解除にいたった場合でも、ある程度は張の勢力を満州に残すつもりだった。張による満州統治継続を、なお望んでいたからである。

しかし一方、村岡長太郎《むらおかちようたろう》関東軍司令官、斎藤恒《さいとうひさし》参謀長ら関東軍首脳は、内閣の方針と異なり、張作霖の下野と日本の実権掌握下で張に代わる人物を擁立することを考えていた。彼らは、かねてから張の排除と、より親日的な自治的独立政権（中国の主権は存続）の樹立を主張していた。そして、政府のこれまでの張作霖を相手とした、外交手段による満蒙懸案事項交渉の失敗を批判し、満蒙権益の確保や張排除のためには武力行使も辞さない姿勢だった。したがって、早期撤退勧告への同意・不同意にかかわらず、張作霖軍の武装解除を企図して、そのための軍事出動を準備していた。

だが、田中首相によって関東軍の軍事出動は抑えられ、それにかわって河本らは退去途中での張作霖の暗殺を企てたのである。

張暗殺は、田中内閣にとって大きな衝撃となった。張の死によって、彼らの満蒙政策の根幹が崩れたからである。その結果、田中内閣の、張作霖温存による満蒙権益の維持強化政策は崩壊することになる。

この張作霖爆殺事件の処理をめぐって、まもなく田中首相は辞職に追いこまれ、それとともに陸軍内での田中（長州閥）の影響力も急速に衰えることになる。

そこで、事件前後の政治・軍事動向の推移をもう少し立ち入ってみておこう。

満蒙特殊地域論

田中内閣は、成立約一ヵ月後の一九二七年（昭和二年）五月末、中国国民政府の北伐軍が山東地方にせまったため、当地の日本人居留民保護を目的として山東出兵を決定。約五〇〇〇名を派兵した。張作霖爆殺事件の一年前である。

田中首相は、中国での日本人居留民に関して、それまでの若槻憲政会内閣の方針とは異なり、軍事力による現地保護の方針をうちだしていた。若槻内閣（幣原喜重郎外相）は、北伐の進行にともなって生じる軍事的混乱にたいしては、基本的に居留民ひき上げでもって対処してきていた。

中国では、一九一二年、中華民国（首都北京）成立後、各地に軍閥が乱立し、一種の内乱状態におちいっていた。そのようななかで、一九一九年、革命派の孫文《そんぶん》らは中国国民党を結成。さらに国共合作（共産党との協力）による国民革命の方針を決定し、一九二五年、広州に広東国民政府を正式に樹立した。

一九二六年七月、国民政府は、中国の国家統一と半植民地状態からの脱却をめざし、蔣介石を国民革命軍総司令として総兵力約一〇万で北伐を開始した。北伐軍は各地で地方軍閥を撃破して勢力を増すとともに、翌一九二七年一月、首都を広州から揚子江中流域の武漢に移し、武漢国民政府とした。

しかし同年四月、蔣介石が上海クーデターを決行して共産勢力を排除、武漢政府とは別に南京国民政府をうち立てた。その後、国民革命軍は武漢・南京両政府に分かれたままで北伐を継続していた。

このころ田中内閣は満蒙に関して、日本の影響下にある張作霖勢力を温存し、その支配

蔣介石

のもとで日本の特殊権益を維持強化する方針だった。張作霖は、当時、その軍事力で満州のみならず北京政府の実権を掌握し、華北地域をその勢力下に置いていた。

そこに北伐軍が北上してきた。

張ら北京政府の勢力は、北伐の進行によって国民革命軍の圧力をうけ、山東・直隷地域（北京・天津）防衛の線まで後退せざるをえない状況にあった。このころには、馮玉祥《ふうぎょくしょう》ら一部の軍閥も国民革命軍に呼応して北伐に加わり、国民革命軍の勢いは北京政府勢力を圧倒していた。

そのような時に田中内閣は山東出兵をおこなった。したがって、山東出兵は、居留民保護のみならず、その張作霖温存政策とも関連しているとみられていた。

田中首相は、対列強政策として、それまでの政党内閣の外交路線である国際協調（対米英協調）を堅持する意向だった。したがって山東出兵にあたっても、事前に外交ルートで周到な説明をおこなうなど、列強諸国ことに米英との協調を重視していた。米英も日本の山東出兵決定を容認し、両国とも、北京・天津地域に一〇〇〇～二〇〇〇名規模の増派をおこなっている。

一方、山東出兵のさなか、田中内閣は、一九二七年（昭和二年）六月二七日から七月七日まで、東京外相官邸において「東方会議」を開催した。主要メンバーは、田中首相（外相兼任）、外務省・陸海軍首脳をはじめ、駐華公使、関東庁長官、関東軍司令官、朝鮮総督府総務局長らで、おもに今後の対中国政策が検討された。そして、会議最終日の七月七日には、田中外相訓示のかたちで、八ヵ条からなる「対支政策綱領」が発表された。

そこでは、中国の内乱政争に際し一党一派に偏せず、中国国内における政情の安定と秩序の回復とは、中国国民自らこれに当たることが最善の方法だとしている。だが、「不逞《ふてい》分子《ぶんし》」が、中国における日本の権益、在留邦人の生命財産を侵害する恐れがある場合には、断固として「自衛の措置」をとるとされていた（現地保護方針）。

また、満蒙について、万一そこに動乱が波及し、日本の「特殊の地位権益」が侵害される恐れがある時は、機を逸せず「適当の措置」をとる、としていた。

在留邦人の現地保護の方針のみならず、満蒙を特殊地域とみなし、北伐による満蒙への戦火の波及を阻止する決意を示したのである。

他方、中国側では山東出兵時、国民政府勢力は、蒋介石らの南京政府と汪兆銘《おうちょうめい》らの武漢政府とに分裂していた。だが、出兵直後、武漢政府でも路線上の対立などから中国共産党と決別し（国共合作崩壊）、蒋介石の下野を条件に南京政府と合体した。そして北伐も一時中断された。

北伐の停止により、一九二七年（昭和二年）八月、田中内閣は山東からの撤兵を声明。山東出兵は約三ヵ月で終了した。

だが、旧武漢・南京政府が合体した国民政府（首都南京）は、しばらくして蔣介石を国民党軍の最高責任者に復帰させ、一九二八年四月、北伐を再開した。国民革命軍は北進して再び山東地方にせまった。

田中内閣は、同年四月、第二次山東出兵を決定。天津の支那駐屯軍（中国駐留の日本軍）および熊本第六師団より計約五五〇〇名を派遣し、うち約三五〇〇名が済南《さいなん》に入った。当時、山東省の主要都市で交通の要衝である済南には、約二〇〇〇人の日本人が居留しており、そこに蔣介石ら国民革命軍主力が接近していたのである。

国民革命軍の進出に対して済南の北京政府側兵力は撤退したが、五月、済南に入った国民革命軍と日本軍とのあいだで戦闘が起こり、日本兵九名、在留邦人一二名が死亡。日本軍は兵力を増強し、済南駐留の国民革命軍に総攻撃を加えた。戦闘での日本軍の戦死は三六名、中国側は一般市民をふくめて約三六〇〇名が死亡したとされている（済南事件）。

この事件に対し、国民政府・北京政府ともに、日本の軍事干渉を強く非難。中国の一般世論も激昂して、日貨排斥運動（日本商品のボイコット運動）が一段と高まった。

それまで中国ナショナリズムは、一九二五年の上海五・三〇事件（中国人デモ隊に租界警察が発砲）以降、中国に最大の植民地・勢力圏をもつイギリスに向かっていた。だが、この済南事件を契機に、その矛先が日本に向かうこととなり、反日運動が激化していく。その意味で済南事件は、日中関係の展開にとって極めて重要な転機となったといえよう。

その後、国民革命軍は済南を迂回して北上、北京・天津地区にせまった。

田中内閣はそのような状況をみて、五月一八日、満州の治安維持に関する覚書（五・一八覚書）を、張作霖・蔣介石側双方に通告した。

それは、張作霖に満州への早期の撤退を勧告するとともに、国民革命軍の長城以北への進出を許容しないとの姿勢を示していた。そして、両軍交戦の状態で張作霖軍が満州に退却する場合は、治安維持の必要上日本軍によって武装解除をおこなう、との警告を含むものだった。

北伐の進行のなかで、田中首相は、基本的な対中国政策として、こう考えていた。北京をふくめ長城以南の中国本土は、蔣介石ら国民政府による統治を容認する。だが、満蒙については、一種の特殊地域としてそれを認めず、張の勢力を温存し、それによって満蒙での日本の権益を維持する、と。これは「満蒙特殊地域論」とよばれる。

その方針のもと、田中は張作霖に満州への早期撤退を勧告するとともに、もしそれに従わず交戦退却する場合は、日本軍によって武装解除をおこなうとの意志を示したのである。

この実行には、条約で駐兵を認められている満鉄付属地の外部（錦州《きんしゅう》や山海関）への相当規模の派兵、および武装解除のための武力行使を必要とすることが想定されていた。

欧米諸国は静観

この五・一八覚書は明らかに中国への内政干渉を含むものといえた。だが、アメリカ、イギリスなど列強諸国は、かつて第一次大戦中、日本の対華二一ヵ条要求にたいして示した抗議のような表立った外交上の動きはみせなかった。

一九一五年（大正四年）の対華二一ヵ条要求のさいは、米英ともに、日本の行為は内政干渉にあたり、両国の中国での権益を損なうとして、厳重な抗議と警告をおこなった。このころ米英の対日感情は最悪の状態にあった。

だが、政党内閣の成立（一九一八年原敬《はらたかし》政友会内閣成立）とともに日本の外交政策は対米英協調へ転換し、米英との関係も好転しはじめる。その後、パリ講和条約、ワシントン会議などによって、紆余曲折をへながらも、対米英関係は比較的安定的なものとなってくる。その間、国際連盟が創設され、日本も英仏伊と共に常任理事国となった。

なかでもワシントン会議での九ヵ国条約、ワシントン海軍軍縮条約などの締結（一九二二年）は、米英の対日観の好転に重要な意味をもった。

それ以降も対米英関係の良好な状態が継続し、田中内閣も対米英協調の姿勢を維持していた（なお、ワシントン諸条約下の太平洋・東アジアの国際秩序を、一般にワシントン体制という）。したがって、五・一八覚書の時点では、アメリカ、イギリスともに、田中内閣の国際協調スタンスを基本的に認め、日本との協調維持の観点から静観していた。日本が国際協調の姿勢をとる限り、東アジア秩序の安定の観点から、当該地域に軽視しえない影響力をもつ日本との協調を強く望んでいたからである。

アメリカ、イギリスは、中国ナショナリズムの激発をコントロールし、ワシントン体制下の国際秩序に国民革命後の中国を組み入れていこうとしていた。そのためには、ワシントン体制の一翼を担う日本の協力を不可欠としていた。その観点から、米英にとって、日本との協調の維持は、外交上重要な意味をもっていた。

このことは一般にはあまり知られていないが、この時期の米英日の関係をみるうえで軽視しえない事柄である。

関東軍の独断専行

一方、関東軍首脳は、張作霖の下野と日本の実権掌握下での自治的独立政権の樹立——後の満州国とは異なり中国の主権下でのもの——を考えていた。したがって、張作霖軍の武装解除を企図し、そのための軍事出動を準備していた。関東軍首脳は、田中内閣成立直後から、満蒙懸案交渉などにおいて日本側の要求に抵抗する張の態度に不満を抱いていた。それゆえ、張の排除と満蒙における新たな親日的政権樹立による満蒙分離を主張していたのである（いわゆる「満蒙分離論」）。

当時の白川陸相・鈴木参謀総長ら陸軍中央首脳も、東方会議段階では、田中首相と同じく張の温存を基本方針としていた。だが、この時点では、畑陸軍次官、阿部信行《あべのぶゆき》軍務局長らを含めて、覚書出兵が実施されれば張を下野させる方向に傾斜していた。張が満州への撤退勧告を容易に受け入れなかったからである。

しかし結局、張作霖は、田中首相の強い勧告を入れて満州への撤退を決定した。

これに対し関東軍首脳は、奉天軍の長城線付近での武装解除を実施するため、錦州への出兵許可（奉勅命令）を陸軍中央・政府にせまった。だが、田中首相の同意をえられず、その企図は実現しなかった。当時の関東軍首脳は、後の満州事変時の関東軍とは異なり、政府・陸軍中央の許可なく軍事行動を起こす意志はなかったのである。

この時、白川陸相、畑陸軍次官、鈴木参謀総長、南参謀次長ら陸軍中央首脳も、錦州への出兵許可を田中首相に求めた。彼らは、内閣の決定である五・一八覚書の内容を実施するには、長城に近い錦州への出兵が必要だと考えていた。覚書で想定されている国民革命軍の満州侵入や、張作霖軍が混乱のまま帰満する場合に備えなければならなかったからである。だが、満鉄付属地外である錦州への出兵は国外派兵にあたり、内閣の出兵許可と、それに基づく天皇の命令（奉勅命令）を要した。

田中首相は、一時錦州出兵の可否について逡巡《しゅんじゅん》していたようであるが、ついに出兵への同意を与えなかった。その理由は、第一に、国民革命軍側から、張作霖軍が満州に撤退するならば、満州に侵攻する意志がないことを、非公式に伝えてきたからである。第二に、張作霖側も、当初抵抗していた満州への撤退について容認する意向となっていた。したがって、国民革命軍の満州進攻の可能性がほとんど消失し、張作霖軍が整然と帰満する以上、田中にとって、もはや錦州出兵の必要はなくなっていたといえよう。

白川陸相、鈴木参謀総長ら陸軍首脳も結局その判断を受け入れた。彼らは、もともと田中系の人脈で、田中との一時的な意見の相違はあっても、基本的にはその決定に従う姿勢だった。

満州事変以後とは異なり、この頃（政党政治期）は、関東軍を含め陸軍は、全体としてほぼ内閣のコントロール下にあったといえる。

ところが、六月四日、奉天軍の満州への引きあげ途中、奉天近郊において、関東軍高級参謀河本大作らによって張作霖搭乗の列車が爆破された。それにより、まもなく張は死亡。関東軍からみれば、張の排除のみは実現した。

事件は田中内閣にとっては大きな衝撃となった。張の死は、その満蒙政策の軸の喪失を意味したからである。また張爆殺は日本軍によるものであることが、様々のルートから国際的に知られるようになり、中国民衆や国民政府などの反日感情、対日警戒感は決定的なものとなった。ただ、日本国内では事件の詳しい報道は禁じられ、関東軍の一部による謀略であることは戦後まで国民には知らされなかった。その点では、のちの満州事変と同様だった。

2　張作霖爆殺事件後の政治と宇垣派の陸軍掌握

孤立する日本

さて、張作霖爆殺事件直後の六月八日、国民革命軍は北京に入り、蔣介石ら国民政府は長城以南の中国統一を成し遂げた。また満州・東三省の実権は張作霖の息子張学良《ちょうがくりょう》に移り、その張学良は国民政府との合流すなわち「南北妥協」の意向だった。

これに対し田中内閣は、従前の対張作霖方針を踏襲して、長城以南を統一した国民政府と切り離すかたちで、張学良の奉天政府を支援・温存しようとした。そして、七月一九日、南北妥協延期の勧告を張学良に対しておこなった。

だが、一九二八年（昭和三年）一二月、張学良は東三省の易幟《えきし》（掲揚旗の変更）を実行して国民政府に合流。満州を含めた中国全土の統一が実現した。北伐開始から約二年、田中内閣による延期勧告から五ヵ月後だった。

また、その二ヵ月前の同年一〇月、国民政府が立法・行政・司法などの各機関を整えるかたちで正式に発足し（首都南京）、蔣介石が政府主席となった。

張学良

ところで、南北妥協延期勧告直前の一九二八年（昭和三年）七月七日、国民政府は、いわゆる不平等条約撤廃方針を発表し、関係各国に通告した。

アメリカは、それをうけ、七月二五日、米中関税条約を締結して中国の関税自主権を認め、一一月国民政府を正式に承認した。またイギリスも、一二月に国民政府を正式承認するとともに、英中関税条約を締結して中国の関税自主権を承認した。ドイツ、イタリア、オランダ、フランスなどの欧米諸国も、相前後して中国の関税自主権を認めた。

だが田中内閣は、日中貿易に大きな影響を与えるとして、なお関税自主権を認めなかった。

この間、国民政府は、新たな協定税率を輸入付加税として実施したいとの意向を各国に伝えてきた。欧米各国は基本的に了承したが、日中間では中国側の累積不確実債務の取り扱いについて意見が対立し、田中内閣は、そのような新たな税率協定さえ認めなかった。

こうして日本は対中国関税問題について国際的に孤立することとなった。

田中内閣総辞職

このような対中関係の行き詰まりと関税問題での国際的孤立という状況下で、田中内閣は、やむなく方針を転換する。

一九二九年（昭和四年）一月、国民政府の提議に応じ、中国の新関税率（輸入付加税）実施を承認した。しかし、このことは新関税率の実施を認めただけで、中国の関税自主権を承認したわけではなかった。また、同年三月、国民政府との間で、済南事件の処理問題が解決し、五月には、若槻憲政会内閣期に起こった南京事件などの処理案件についても日中間で決着した。そして、六月、田中内閣は正式に国民政府を承認する。

同月、前年に調印していた不戦条約が国内で正式に批准された。不戦条約は「国家の政策の手段としての戦争を放棄する」ことを定めたもので、現行憲法の第九条第一項の「戦争放棄」規定の原型となったものである。

だが、七月二日、張作霖爆殺事件への対処をめぐって、田中内閣は総辞職する。

このころ田中内閣は、衆議院において野党民政党と勢力が伯仲していただけでなく、貴族院との関係も悪化し、かねてからの懸案であった両税委譲案や自作農創定案などの重要法案が成立せず、困難な状況に陥っていた。

このような状況のなかで、爆殺事件の処理についての田中の上奏違約が、宮中重臣グループによって問題視され、それを背景とする天皇の発言が辞職の引き金となった。

田中は、爆殺事件について当初、関東軍参謀河本大作ら事件関係者を軍法会議によって処分し、基本的な事実関係は公表するつもりで、その旨を天皇にも上奏してあった。しかし、陸軍や閣僚、政友会有力者の反対をうけ、それが実行できなくなったのである。

しかも、この過程で、陸軍中央首脳部の田中への不信感が生じ、内閣総辞職とともに、田中の陸軍への影響力が急速に弱まっていく。

西園寺公望

小川平吉

田中辞職の経緯

田中の辞職に至る過程は、当時の陸軍、内閣、宮中の関係をみるうえで、興味深い出来事なので、もう少し詳しくみておこう。

爆殺事件後、田中首相は元老西園寺を訪れ、実行者は「どうも日本の軍人らしい」と伝えた。それに対して西園寺は、もし事実であれば「断然処罰して我が軍の軍紀を維持しなければならぬ。……それが国際的に信用を維持するゆえんである」、として厳重処分を求めた（原田熊雄『西園寺公と政局』。……は中略、以下同じ）。田中はその方向で対処すべく、政友会の有力者小川平吉《おがわへいきち》鉄道相に、「犯行者を軍法会議に付し、もって軍紀を振粛《しんしゅく》せんとす」と、その決意を示した。

だが小川は、事件が日本軍人によるものであることが明らかになれば、中国の世論は中国からの日本の撤退を求め、欧米諸国もそれに同調する。そうなれば、国際的に極めて困難な状況に陥る、として強硬に反対した。そして、事実の公表と軍法会議による処分を阻止しようとして、陸軍や他の閣僚に働きかける（『小川平吉関係文書』第一部）。

昭和天皇

陸軍首脳やほとんどの閣僚は田中の方針に反対し、閣議でも田中の姿勢は受け入れられなかった。しかし、田中は一二月二四日参内《さんだい》して、事件には日本軍人の関与の疑いがあり、調査の結果もし事実なら厳重に処罰する旨を内奏した。

この内奏は事前に閣僚に知らされておらず、二八日の閣議では、田中の厳重処罰方針が拒否され、正式に調査を進めて閣議にはかることを申し合わせた。

その後、田中は事件訴追のための調査を白川陸相に命じた。しかし、調査の結果、白川陸相・鈴木参謀総長ら陸軍首脳は、事件の真相発表は国家のため有害だとして訴追を認めず、警備上の責任から関係者を処分するに止めることを決定。白川陸相は、田中にたいして日本人の関与した証拠はないと正式に報告した。

閣僚からも陸軍からも強い抵抗を受け孤立した田中は、ついに方針を変更せざるをえなくなった。田中は陸軍と協議のうえ、日本人関与の証拠はなく警備上の手落ちとして関係者を行政処分に付する旨を公表することとした。

一九二九年（昭和四年）六月二七日、田中首相は、日本軍人の関与した「証跡」はなく、警備上の責任者を行政処分とする旨を奏上した。それにたいし昭和天

鈴木貫太郎

牧野伸顕

皇は、「先の上奏と矛盾する。深く考慮する」として、それ以上の田中の説明を遮ったようである。この天皇の発言が田中辞職の直接の引き金となった。

なお、その三ヵ月前、白川陸相は、事件は関東軍参謀河本大作の犯行との調査結果と、その公表は国家に極めて不利な影響を及ぼすため慎重に考慮したい旨を、天皇に内奏していた。

一般の歴史書などには、六月二七日の天皇の発言が、田中の報告を聞いたその時の判断でなされたかのように叙述されているものがある。

だが、じつは天皇はその約一ヵ月半前、もし首相より、日本人関与の事実なしとの虚偽の調査報告があり、それを公表する方針が上奏された場合には、「責任を取るか」との発言をしたいがどうか、と鈴木《すずき》貫太《かんた》郎《ろう》侍従長に伝えていた。

その後、西園寺をふくめて宮中高官グループは、天皇の発言について協議をかさね、二七日田中奏上の直前、牧野《まきの》伸顕《のぶあき》内大臣、一木《いちき》喜《き》徳郎《とくろう》宮内大臣、鈴木侍従長は最終的な協議をおこなった。そこで、天皇が、「さきに奏上したるところと合致せざる点につきご指摘相成《あいな》り、篤《とく》と考うべき旨をもって厳然たる態度をとらるる」ことは適切だ、との対応を決定。そのことを天皇に奏上していた。ただし、西園寺は最終段階で、政変を引き起こすような天皇の発言には同意できないとして、慎重な態度をとった。

それまで、田中の奏上姿勢について、宮中高官グループは、しばしばその杜撰《ずさん》さや不謹慎な言動などに強い不満をもっていた。そして、「その心得において総理の資格全然欠如しおるのみならず、恐れながら上［天皇］を軽んじ奉るもの」として不信感をつのらせていたのである（『牧野伸顕日記』『岡部長景日記』［ ］内は引用者、以下同じ）。

このように、政治的に重要な問題についての天皇の発言は、事前に宮中高官グループによって慎重に検討されていたことがわかる。

一九二九年（昭和四年）七月一日、事件当時の関東軍司令官村岡長太郎・同参謀長斎藤恒の予備役編入、同参謀河本大作の停職などの行政処分が発表され、その翌日、田中内閣は総辞職した。

この間、牧野内大臣の日記によれば、田中は、自身の上奏内容が前後相違することになるのは、白川陸相の責任であるかのような発言を続け、田中と陸軍首脳の関係が悪化していた。内閣総辞職の最終局面でも、田中は白川陸相に、陸相の天皇への言上が不十分なため、自分の奏上が受け入れられなかった旨を述べたようである。これを白川陸相より聞いた鈴木侍従長は、この件は陸軍の問題ではない。田中首相の態度豹変につき、一度もその事情を説明することなく、突然陸軍の問題として奏上したことに原因がある、とその場で答えた。田中からの話との相違に、白川陸相は驚いた。

これらが重なって、白川陸相・鈴木参謀総長ら陸軍首脳の田中への不信感が強まり、田中の首相辞職とともに、陸軍へのその影響力は急速に失われていく。そして、まもなく田中は心臓発作のため死去する。

浜口雄幸内閣発足

一九二九年（昭和四年）七月二日、田中内閣総辞職後、後任首班について天皇より下問をうけた元老西園寺は、民政党総裁の浜口を後継首相に奏薦した。前回（田中内閣成立時）と同様、衆議院第一党の内閣が政治的な理由で総辞職した場合、第二党の党首が組閣するとの方針にしたがっての判断だった。

大命をうけた浜口はその日のうちに組閣し、浜口雄幸民政党内閣が発足した。主な閣僚は、外務大臣幣原喜重郎、大蔵大臣井上準之助《いのうえじゅんのすけ》、内務大臣安達謙蔵《あだちけんぞう》などで、陸軍大臣には宇垣一成が就任した。

政権についた浜口は、外交において、ロンドン海軍軍縮会議への参加、中国関税自主権の承認など、対米英協調と日中親善を軸とする国際的な平和協調路線をおしすすめた。それは、原内閣以来の政党政治の外交路線を基本的に踏襲するものだった。

ただ、対中国政策ことに満蒙政策については、田中前内閣とは、かなり相違していた。田中内閣は、満蒙を特殊地域とみなし国民政府の勢力がそこに及ぶことを認めないスタンスだった。だが、浜口はかねてから、国民政府による満州を含めた中国全土の統一と統治を、積極的に容認する姿勢だった。浜口は満蒙の権益のみではなく、中国全土ことに揚子江流域の市場的価値を重視しており、日中間の経済的交流を積極的に図るべきだと考えていた。それには日中関係の安定が不可欠であり、その観点から、中国の関税自主権の承認などによって、対中関係の改善をはかろうとした。

浜口は述べている。中国の国民的統一などその「正当なる国民的宿望」にたいしては、可能な限り協力し、日本の権益の擁護については、国際的に認められた「合理的手段」によっておこなうべきだ。そして日中間の「経済上」の相互関係、す

浜口雄幸

井上準之助

なわち通商・投資など経済的関係の発展を積極的にはからなければならない、と（浜口「行き詰まれる局面の展開と民主党の主張」『浜口雄幸集　論述・講演篇』）。

そのような観点から浜口は、田中内閣の山東出兵や東方会議、南北妥協延期勧告などを強く批判していた。そして政権につくや浜口は、そのような、かねてからの主張を実行に移したのである。

宇垣陸相も、浜口の対中国政策方針を基本的には了承していた。浜口と同様、対中関係の安定と日中間の経済関係の発展を望んでいたからである。

宇垣は、対米英協調を基本とするワシントン体制を前提として日本の国防方針を考えていた。したがって、アメリカ、イギリスが強い利害関心をもつ中国本土への介入には極めて慎重だった。それゆえ中国への経済的発展による、日本の富国化を志向していたのである。また、日本の特殊権益が集積する満州についても、そこが国民政府の影響下に入った以上、国民政府との友好関係の維持が必要だと判断していた。

宇垣は、浜口内閣による対中関係の安定化に期待し、自らは陸相として、陸軍の整備改善、軍制改革を実現しようとした。

かねてから宇垣は、第一次世界大戦後、国防上の基礎的条件について大きな変化が生じ、それに早急に対応しなければならないと考えていた。その変化とは、戦争の機械化と総力戦化であり、それに対応するには、軍装備の改善と国家総動員に対する準備が必要だと主張していた。軍装備の改善とは、機械化と機動化を意味し、具体的には、航空部隊・戦車隊の充実、自動車隊の編成、各種火器の性能強化などである。また国家総動員に対する準備としては、青少年訓練の充実、工業動員ほか各種動員計画の整備をあげている（一九二五年「貴族院予算委員会発言」）。

これらの費用について宇垣は、歩兵大隊編制を四個中隊から三個中隊構成に変更するなど師団の軽快化によって捻出することを想定していた。また、そのことを通して同時に師団の機動化（機甲化）を実現することが意図されていた。

また、宇垣は、政党内閣ごとに民政党内閣との良好な関係を維持することを重視しており、浜口内閣によるロンドン海軍軍縮条約の締結にも協力的だった。当時問題となった統《と》帥権干犯《すいけんかんぱん》問題について、宇垣は、「倫敦《ロンドン》条約上の兵力の決定は政府に有りとの総理大臣の答弁は、陸軍大臣として異存なし」との答弁書を議会に提出している。統帥権干犯とは、内閣が軍縮条約における兵力量の決定にさいして、海軍軍令部の明確な同意をえなかったことが天皇の統帥権を犯すとの意味である。軍令部は、参謀本部と同様、天皇に直属する軍令機関として、内閣・海軍省から独立した存在だった。

さらに宇垣は、陸相による陸軍統制（陸軍省・参謀本部を含む）の確立を図るとともに、自派（宇垣派）による陸軍支配を実現しそれを安定化させようとした。陸軍省・参謀本部を含めて、陸軍部内の最終的な人事権は制度的には陸軍大臣にあり、この人事権を通じて参謀本部をもコントロールすることを意図したのである。

一般には参謀本部は、内閣や陸軍省から独立した、強大な権限をもつ存在だったと考えられがちである。だが、少なくとも政党政治期（原内閣以降）には、田中・宇垣ら陸相による、人事を通じた参謀本部のコントロールがほぼ実現していた。ただその過程は、長く参謀総長を務めた上原勇作《うえはらゆうさく》らとの熾烈な人事抗争を経てのことだった。

少し煩雑になるが、後述する宇垣派と一夕会の対立の伏線となるので、その抗争の経緯を概略的にみておこう。

原敬政友会内閣（一九一八年成立）の陸相は長州の田中義一だった。だが原内閣末期、田中の健康不良のため、田中系の山梨半造《やまなしはんぞう》（神奈川）が後任となっていた。こののち高橋是《たかはしこれ》清《きよ》政友会内閣、加藤友三郎《かとうともさぶろう》内閣と山梨が陸相に留任し、陸軍省は田中系の影響下にあった。そして次の第二次山本権兵衛《やまもとごんべえ》内閣（一九二三年）では、再び田中が陸相に就いた。

一方、原内閣時の参謀総長は薩摩の上原勇作だった。上原は陸軍長州閥の総帥山県有朋の強い影響下にあり、上原辞職後（一九二三年）は、長州系の河合操《かわいみさお》（大分）が参謀総長となった（参謀次長には上原系の武藤信義《むとうのぶよし》が留任）。河合は田中と陸軍士官学校（陸士）同期で互いに旧知の間柄だった。

明治以来長く陸軍を支配してきた山県有朋の死後、まず、上原前参謀総長と田中義一陸相による、後任陸相人事をめぐる人事抗争が起こる。一九二四年（大正一三年）一月、清浦奎吾内閣の成立に際して、田中は配下の宇垣一成を推し、上原は自派の福田《ふくだ》雅太郎《まさたろう》（長崎）を推したが、結局上原が敗れ、宇垣が陸相に就任した。

その後宇垣は、陸軍四個師団を削減し（宇垣軍縮）、その費用で軍の機械化を推進する。それとともに、宇垣の軍縮政策に反対した、福田雅太郎、尾野実信《おのみのぶ》（一夕会員武藤章の義父）など上原系の有力将官を現役から予備役に編入した。

その二年後（一九二六年）若槻内閣の宇垣陸相時に、河合操参謀総長の後任選定をめぐって上原と宇垣が対立する。上原は自派の武藤信義（佐賀）を、宇垣は田中・宇垣系の鈴木荘六（新潟）を推し、ここでも上原が敗れ、鈴木が参謀総長となった。

上原勇作

武藤信義

ただ、翌年の一九二七年（昭和二年）田中内閣の白川陸相時、武藤信義は上原の後援で教育総監のポストに就く（前任者は上原系の菊池《きくち》慎之助《しんのすけ》）。

教育総監は教育総監部の最高責任者で、陸相・参謀総長とともに陸軍三長官の一つとして将官人事や陸相選任への関与などの権限をもつ枢要ポストの一つだった。ただ陸軍実務中核の軍政事項や軍令事項には関わらず、職務上は陸軍大臣や参謀総長ほど重要な地位ではなかった。なお教育総監部は、陸軍省や参謀本部とは独立した部門で、陸軍士官学校など陸軍の各種教育機関を統轄していた。

また、一九三〇年（昭和五年）浜口内閣の宇垣陸相時、鈴木荘六参謀総長の後任選定をめぐって再び上原と宇垣が対立した。上原が武藤教育総監を、宇垣が自派の金谷範三を推したが、再度宇垣が勝利し、金谷が参謀総長となった。そして翌年、金谷は満州事変に遭遇する。

このように、田中・宇垣は陸相として、自派の有力者を参謀総長に送り込み、人事を通じて陸軍省のみならず、参謀本部をも事実上掌握することとなった。同時に彼らは、政党政治に必ずしも否定的ではなく、むしろ積極的に協力することによって、そのもとで軍の機械化や、有事のさいの国家総動員への準備を整えようとしていた。

宇垣派への権力移行

さらに宇垣は、長州出身の有力者津野一輔が一九二八年（昭和三年）二月に死去し、翌年七月田中が首相を辞任、さらにその直後に病死する過程で、自派の形成を本格化させる。

津野は長州閥内での田中の後継者と目されていた。当時、長州出身の陸軍有力者としては、他に菅野《すがの》尚一《ひさいち》（軍事参議官・元陸軍省軍務局長）、松木《まつき》直亮《なおすけ》（陸軍省整備局長）などがいた。だが、菅野は隻腕隻脚で陸相や参謀総長の激務は困難とされており、松木は陸軍をリードしていくには経歴不足とみられていた。したがって、津野の死は、長州閥にとって大きな打撃となり、田中の辞職、死去とともに、宇垣にとっては自派形成の有利な契機となったのである。

宇垣は、陸士同期の鈴木荘六、白川義則と手を握り、陸軍中央幕僚のなかから、金谷範三、南次郎、阿部信行、畑英太郎、畑俊六《はたしゅんろく》、二宮治重《にのみやはるしげ》、杉山元《すぎやまはじめ》、建川美次、小磯国昭《こいそくにあき》らを自らの陣営に集め、宇垣派を形成した。かれらはすべて長州出身でなく、陸軍主流は、長州閥から宇垣派に姿を変えたのである。この後、長州の菅野尚一や松木直亮らは有力ポストについていない。

この陸軍における長州閥から宇垣派への権力の移行は、津野と田中の死にともなって比較的スムーズにおこなわれた。したがって、むしろ宇垣派は長州閥を引き継ぐ存在とみられていた。

浜口内閣の陸相時、宇垣は、陸軍省を、阿部信行陸軍次官、杉山元軍務局長、小磯国昭整備局長など自派で固めた。また、参謀本部にも、金谷範三参謀総長、二宮治重総務部長畑俊六作戦部長、建川美次情報部長ら自派を配置し、省部（陸軍省・参謀本部）枢要ポストをほぼ宇垣派で独占した。

その後、一九三一年（昭和六年）四月一三日、浜口首相の遭難とその体調悪化によって浜口内閣が総辞職し、翌日、第二次若槻礼次郎民政党内閣が成立する。

これにともなって、陸相は宇垣一成から南次郎に代わった。参謀総長は金谷範三がそのまま留任した。南、金谷ともに宇垣派で、陸軍省・参謀本部の要職は、杉山元陸軍次官、小磯国昭軍務局長、二宮治重参謀次長、畑俊六作戦部長など、ほとんど宇垣派で占められていた。南の陸相就任は宇垣の意向によるものであり、宇垣派による陸軍（陸軍省・参謀本

杉山元

小磯国昭

二宮治重

部）支配が継続していたといえる。
この第二次若槻内閣下で、満州事変が勃発するのである。

3　一夕会の形成

「バーデン・バーデンの盟約」

では、このような田中・宇垣派支配のもとで、どのように一夕会は形成されてきたのだろうか。次に、その点をみていこう。

一夕会形成の発端は、一九二〇年代はじめ（大正中期）まで遡らなければならない。一九二一年（大正一〇年）一〇月、ドイツ南部の保養地バーデン・バーデンで、陸士一六期同期の永田鉄山、小畑敏四郎《おばたとしろう》、岡村寧次の三人が落ち合った。

岡村の日記には次のように記されている。

「一〇月二七日（木）
七時過ぎ、小畑と共に出て伯林《ベルリン》発。途中囲碁をなしつつ午後一〇時五〇分バーデン・バーデン着。永田と固き握手をなし、三名共第一流ホテル、ステファニーに投宿。快談一時に及び、隣客より小言を言われて就寝す。」(舩木繁『岡村寧次大将』)

永田鉄山

岡村寧次

小畑敏四郎

この時、永田はスイス駐在武官。小畑はロシア駐在武官だったが入国できずベルリンに滞在。岡村は日本から約三ヵ月間の欧州出張中だった。彼らは、ともに三〇歳代半ば、陸軍少佐で、かねてから交流があった。

そこで三人は、派閥の解消による人事刷新、および総動員態勢の確立や軍備の改善などの軍制改革、について申し合わせた。そして、その実現のために同志の結集に乗り出すことを盟約した(稲葉正夫「永田鉄山と二葉会・一夕会」『秘録永田鉄山』)。

のちに岡村はこう回想している。

「当時わが陸軍には二つの大きな情弊欠陥があると私共[永田・小畑・岡村]は思っ

ていた。その一は、人事公正を欠き、殊にいわゆる長州閥の専横であり、その二は、統帥権の殻に籠もり国民と離れて居り、もっと『国民と共に』というように改めなければならないということ……。

そこで……私共は、この年の一〇月二七日バーデン・バーデンに会合、……帰朝後は、前記の同期生［陸士一六期］や、第一五期、第一七、八期にも同志を求めてグループを作り、進退を賭して陸軍の革新に乗り出すことを盟結したのであった」（『岡村寧次大将資料』、［］内は引用者。以下同じ）

当時陸軍の実権を掌握していた長州閥の打破と、国家総動員（国民総動員を含む）に向けての体制整備が共通の課題として追求されることとなったのである。そして課題実現のため軍内グループの形成が実行に移される。永田は長野出身、岡村は東京、小畑は高知で、いずれも非長州系だった。

原敬首相暗殺直前のことである。

その頃陸軍では、長州出身の元帥山県有朋が健在で、最高実力者として長州閥を率いていた。原内閣の陸相は長州の田中義一、陸軍次官は山県系の尾野実信、陸軍省軍務局長は長州の菅野尚一。また、同時期の参謀総長は、薩摩出身だが山県系の上原勇作、参謀次長

真崎甚三郎

板垣征四郎

土肥原賢二

は上原配下の菊池慎之助、参謀本部作戦部長は田中系の金谷範三だった。

他に長州出身の有力者としては、約二年半後に陸軍次官となる津野一輔、大臣官房高級副官でのちに整備局長となる松木直亮などがおり、陸軍内では長州閥が強い影響力をもっていた。

統帥権や国家総動員の問題についての永田らの認識については、後にふれる。

なお、永田、岡村、小畑の三人は、これ以前から親密な交流があり、一九二〇年（大正九年）には、長州閥のなかで孤立していた真崎甚三郎《まさきじんざぶろう》軍事課長（佐賀）擁護を申し合わせている。また、陸士一七期の東条英機（岩手）も、三人と旧知の間柄で、ことに永田とは親しく、その腹心ともいうべき関係にあった。この四人は、バーデン・バーデンの会合以前から、定期的に勉強会のような集まりをもっていたようである（須山幸雄『小畑敏四郎』）。

二葉会発足

帰国後、永田、岡村、小畑らは、一九二三年（大正一二年）頃から、東条ほか彼らに同調する幕僚たちと会合をかさね、一九二七年（昭和二年）頃、その集まりを「二葉会《ふたばかい》」と名づけた。田中義一政友会内閣成立前後のことである。

二葉会には、永田、岡村、小畑、東条のほか、河本大作、山岡重厚《やまおかしげあつ》、板垣征四郎、土肥《どひ》原賢二《はらけんじ》、磯谷廉介《いそがいれんすけ》、山下奉文《やましたともゆき》など陸軍中央の中堅幕僚二〇人程度が参加している。陸士一六期を中心に一五期から一八期までである。

二葉会は、バーデン・バーデンでの申し合わせを引き継いだが、ことに長州閥の打破に力を注いだ。

永田、小畑、東条、山岡らの陸軍大学教官時（一九二二年から一九二六年）、長州出身者が陸大入学者から徹底して排除されている。たとえば、彼らが陸大教官時に入学期が重なる陸大卒業者には、山口県出身者は全くいない。それまでは毎年平均して三名から五名の山口県出身者が入学していた。口述試験などで意図的な

磯谷廉介

山下奉文

配点操作がなされたと推定されている。二葉会命名時（一九二七年）前後の陸相は田中系の宇垣一成で、その後同じく田中系の白川義則が続いた。宇垣・白川ともに田中の強い影響下にあり、したがって長州系とみられていた。参謀総長も、田中系の河合操のあと、田中・宇垣系の鈴木荘六が就く。彼らもまた長州系とみられていた。

次に、バーデン・バーデンでの申し合わせのうち、国家総動員に向けての体制整備については、永田を中心に活動が推し進められた。

永田は、大戦前後合計六年間にわたってドイツ周辺に滞在し、大戦期ヨーロッパ諸国の国家総動員の事情に、陸軍内で最も精通していた。したがって、早くから国家総動員関係の実務や講演などの活動にたずさわり、その面での第一人者とみられていた。したがって、一九二六年（大正一五年）四月、若槻礼次郎憲政会内閣下に設けられた国家総動員機関設置準備委員会では、陸軍側幹事に任命される（当時陸軍省軍事課高級課員）。そして、同一〇月発足した陸軍省整備局の初代動員課長となる。また、第二代動員課長には、永田の腹心である東条が就いた。

さらに、二葉会において、バーデン・バーデンの会合の頃にはそれほど意識されていなかった満蒙問題に、関心が向けられるようになる。

二葉会の会合では、張作霖爆殺事件への陸軍の対応、河本の処分への対処なども、何度か話題になっている（「岡村寧次日記」）。このような満蒙への関心は、一九二六年（大正一五年）から関東軍参謀となった河本の影響ではないかとみられている。

もともと二葉会には、支那通とよばれる中国事情に精通した軍人が、河本、岡村、板垣、土肥原など、かなり含まれていた。彼らを磁場に、中国でも、とりわけ満蒙に関心が集中することになってきたのである。

少壮将校のグループ、木曜会

さて、この二葉会にならって、一九二七年（昭和二年）一一月頃、陸士二二期の鈴木《すずき》貞《てい》一《いち》参謀本部作戦課員を中心とする少壮の中央幕僚グループによって「木曜会」が組織される。軍装備や国防方針などの研究を趣旨として発足した。

木曜会の参加者は一八人前後で、石原莞爾、根本博《ねもとひろし》、村上啓作《むらかみけいさく》、土橋勇逸《つちはしゆういつ》ら陸士二一期から二四期が中心だった。

ただ、一六期の永田、岡村、一七期の東条も会員となっている。永田自身は二回ほどしか出席していないが、永田の腹心ともいうべき東条がたびたび出席し、重要な役割を果たしている。岡村も四回出席しているが、小畑は加わっていない。

小畑は当時参謀本部作戦課長で、山東出兵、済南事件などの軍事行動への対処で極めて

鈴木貞一

根本博

多忙な状況にあった。また、その後は歩兵第一〇連隊長として岡山に赴任している。ちなみに永田はこの頃、陸軍省動員課長、歩兵第三連隊長（東京）として在京していた。

木曜会の会合は、一九二七年（昭和二年）一一月頃から翌々年の四月まで、一二回開かれているが、最も重要なのは、第五回である。

一九二八年（昭和三年）三月一日、東京・九段の陸軍将校クラブ偕行社《かいこうしゃ》で、第五回木曜会が開かれた。張作霖爆殺事件の約三ヵ月前である。

この日の参加者は、東条英機陸軍省軍事課員、鈴木貞一参謀本部作戦課員、根本博参謀本部支那課員ら九名。中佐の東条を除いて全員少佐・大尉で、ほとんど陸軍省・参謀本部など陸軍中央の少壮幕僚であった。永田、岡村は、この日は出席していない。

会合では、まず、根本による「戦争発生の原因について」と題する報告がおこなわれ、そのあと討論に移った。議論は多岐に及んだが、そこで出された意見をある程度まとめるかたちで、東条が次のような趣旨の発言をおこなった。

「国軍の戦争準備は対露戦争を主体として、第一期目標を、満蒙に完全なる政治的勢力を確立する主旨のもとに行うを要す。ただし、本戦争経過中、米国の参加を顧慮し守勢的準備を必要とす。この間、対支戦争の準備は大なる顧慮を要せず、単に資源獲得を目途とす。」（「木曜会記事」『鈴木貞一氏談話速記録』）

すなわち、戦争準備は対ロシア（当時ソ連）を主眼とし、その当面の目標を「満蒙に完全なる政治的勢力を確立する」ことに置く。そのさい中国との戦争のための準備は、それほど大きな考慮を必要とせず、単に「資源獲得」を目的とする。そう意見を整理したのである。

また、東条は、その「理由」として、「一、将来戦は生存戦争なり。二、米国は生存のため大陸にて十分なり」、と先の発言に付け加えた。将来の戦争は、一般に国家の生存のための戦争となる。アメリカは、その生存のためには南北アメリカ大陸で十分であり、アジアに本格的には軍事介入してこないだろう。そのような含みで付言したのである。

この発言に対して、完全な政治的勢力を確立するとは、「取る」ことを意味するのか、との質問が出された。それに対して東条は、「然《しか》り」と答えている。形式はともかく、実質的には日本が満蒙を自らのものとすることを想定していたのである。

さて、この東条発言の後、二、三の質疑応答がなされ、最後に、「判決」として、次のような内容が申し合わされた。

「帝国自存のため、満蒙に完全なる政治的権力を確立するを要す。これがため国軍の戦争準備は対露戦争を主体とし、対支戦争準備は大なる顧慮を要せず。ただし、本戦争の場合において、米国の参加を顧慮し、守勢的準備を必要とす」(「木曜会記事」)

細部では、「政治的勢力」が「政治的権力」とされるなど、いくつかの相違があるが、ほとんど東条の発言に沿ったものである。

また、その「理由」として、次のように、ロシア、中国、アメリカ、イギリスに対する情勢判断を示している。

日本が「その生存を完からしむる」ためには、満蒙に政治的権力を確立する必要がある。それには、ロシアの「海への政策」との衝突が不可避となる。

中国から必要とするものは、対ロ戦のための「物資」である。中国の兵力は「論ずるに足らず」、それに対処するための日本側兵力は、半年で整備可能である。また、満蒙は中国にとって「華外の地」であり、したがって「国力を賭して」戦うことはないだろう。

アメリカの満蒙に対する欲求は、「生存上の絶対的要求」ではない。したがって満蒙問題のために、日本と国力を賭けた戦争を行うことはないだろう。ただ、先の大戦に参加した経緯から考えて、日本とロシアが戦争になれば介入することはありうる。したがって、「政略」によって努めてアメリカの参戦は避けるが、その介入も考慮して「守勢的準備」は必要とする。イギリスは、満蒙問題と関係はあるが、軍事以外の方法で解決可能である。それゆえ対英戦争準備は特に考慮する必要はない。

このような情勢判断のもと、「満蒙に完全なる政治的権力を確立する」こと、すなわち満蒙「領有」方針と、その実現に向けての戦争準備が申し合わされたのである。

この「判決」は、同年一二月六日の第八回会合でも再確認され、木曜会の「結論」とされた。この時には岡村も出席し、それを前提に積極的に発言している。永田は、第五回、第八回ともに出席していないが、当時東条は永田の腹心ともいうべき存在であり、第五回での東条の発言は、後述する永田の構想にそったものであった。また永田の盟友岡村も、第八回で方針が再確認された時とくに異議をとなえていないことなどから、このような木曜会の方針は、永田も了承していたものと思われる。

ここに満蒙領有方針が、陸軍中央内で初めて本格的に提起されたのである。

三つの対中構想

それまで、対中国政策をめぐって、主要には三つの構想が存在していた。

第一は、当時の田中義一政友会内閣および陸軍中央の方向で、いわゆる満蒙特殊地域論である。長城以南の中国本土については国民政府による統治を容認するが、満蒙についてはは日本の影響下にある軍閥張作霖の勢力を温存しようとするものだった。それによって満蒙での特殊権益を維持することを意図していた。

第二は、浜口雄幸ら野党民政党のスタンスで、国民政府による満蒙をふくめた中国統一を基本的に容認し、国民政府との友好関係を確立すべきだとの立場である。いわば国民政府全土統一容認論で、それによって中国との経済交流の拡大を実現しようとしていた。

第三は、張作霖爆殺事件当時の関東軍首脳や、森恪《もりつとむ》ら政友会対中強硬派の方針で、張作霖の排除と満蒙における日本の実権掌握下での独立新政権樹立を主張していた。いわゆる満蒙分離論である。ただ、これは満蒙における中国主権の存続を前提とするもので、日中間の満蒙諸懸案を一挙に解決し、日本の既得権益を確保するためだった。

これらに対して、木曜会の満蒙領有論は、そこでの中国の主権を完全に否定するもので、まったく新しい方向といえる。彼らのねらいは、満蒙の既得権益の確保に止まらず、

「帝国自存」すなわち国家の生存を賭けた総力戦対応の要請からのものであった。

先にもふれたが、満州事変は、世界恐慌下（一九三〇年代初頭）の困難を打開するため、関東軍によって計画・実行されたものとする見方がある。だが、じつは一九二九年末の世界恐慌開始より一年半前に、陸軍中央の幕僚のなかで、満州事変に繋がっていく満蒙領有方針が、すでに打ち出されていたのである。満州事変の関東軍側首謀者として知られる石原莞爾も、第五回の会合には出席していなかったが、木曜会の会員だった。

したがって、満州事変は、その企図の核心部分においては、世界恐慌とはまた別の要因によるものだったといえよう。世界恐慌は、石原ら満州事変を計画した軍人たちにとって、かねてからの方針の実行着手に、絶好の機会を与えるものだったのである。

ちなみに、石原ら満州事変時の関東軍の満蒙政策（満蒙領有）を、張作霖爆殺事件時の関東軍のそれ（独立新政権樹立）と連続的にとらえる見方があるが、それは正確でないといえよう。

「新闘を作る」

この木曜会の満蒙領有方針は、単に陸軍の当該小グループで考えられ、その内部だけで密かに抱懐されるに止まるものではなかった。この方針は、後の一夕会に持ち込まれる。

また、第五回と同じ頃、参謀本部作戦部（荒木貞夫部長、小畑敏四郎作戦課長）も、「満蒙における帝国の政治的権力の確立」を主張している（参謀本部情報部「新対支政策」『荒木貞夫関係文書』東京大学所蔵）。木曜会での結論とほぼ同様の表現であり、この点では、木曜会と参謀本部作戦部とは何らかの連携があったと思われる。おそらく、永田・岡村・東条と小畑との関係を通してだろう。

第五回、第八回のほか木曜会で興味深いのは、第一〇回（一九二九年一月一七日）である。この時は永田・岡村・東条ともに出席している。報告者は鈴木《すずき》宗作《そうさく》陸軍省軍事課員で、「統帥権の独立」の必要を主張しているが、その内容は特徴のあるものではない。

だが興味深いことに、その日の議論の「結論」は、まず、「戦争指導」において「統帥の独立自由をもって政略を指導せん」とするのは「無理」だとしている。

その上でこう述べている。

軍人が国家を動かすには、むしろ政略がすすんで統帥に追随する、つまり「政務当局」がみずから「軍人」に追随するようにしなければならず、それには指導的「大人物」を要する。そのような大人物を得るには、「集心的に人物を作為する」必要があり、そのためには、「国家的に活動する公正なる新閥を作る」ことが要請される、と。すなわち陸軍に新しい派閥を作らなければならないというのである。

「軍人の本分を発揮して国家の重きに任ぜざるべからざる時は、すなわち統帥が政略をして追随せしむるを必要とする時なるべし。その時によく政務当局をして我に追随せしめ得るや否やは一に人物如何《いかん》に存す。

故に吾人は人物を養成し大人物を求めざるべからず。大人物を得んとせば、ただに本人の修養のみならず、衆人の推挙を必要とす。……集心的に人物を作為すること必要なり。……国家的に活動する公正なる新閥を作るを必要とし、大人物作為に向けて努力するを肝要とする。」（「木曜会記事」）

統帥権の独立によって国家を動かすことはできず、陸軍に新しい派閥を形成し、それを通じて政治に影響力を行使すべきだとの結論だった。

この時の個々の発言者の記録は残されていないが、年齢・階級ともに上になる永田・岡村・東条の三人が、そろって出席している時、このような結論が出されたことは注意を引く。統帥権の独立によらず、組織的に陸相を動かし、それを通じて内閣に影響力を行使すべきだとするのが、後述するように永田らの一貫した考えであったからである。

一般に、統帥権の独立が、昭和期陸軍の暴走の原因となったとされている。だが、彼らは統帥権の独立ではむしろ消極的だとし、陸軍が組織として国政に積極的に介入していく必要があると考えていたのである。

陸軍が組織として国政に介入するとは、軍が政治を動かすこと、組織として政治化することを意味する。これまで、陸軍指導者が個人として政治権力を掌握しようとした例は、山県有朋をはじめ、桂太郎《かつらたろう》、寺内正毅《てらうちまさたけ》、田中義一など、いくつか存在した。だが、彼らは軍そのものの政治関与には原則として否定的だった。統帥権の独立とは、軍が政治から干渉を受けないと同時に、軍事に関連すること以外は政治に介入しないことを意味した。

したがって、陸軍が組織として政治を動かそうとするのは、まったく新しい志向といえた。そして実際に、満州事変以降、陸軍は組織として政治化していく。そして、それが昭和陸軍の重要な一つの特徴だった。

なお、木曜会において永田だけは満蒙領有に異を唱えていた、あるいは、永田は満蒙侵攻の不要性を説いていた、との見方がある。それらは第三回（一九二八年一月一九日）の木曜会における、永田の「戦争は必ずしも必要なし。戦争なきも満蒙を取る必要ありや」、との発言を主な根拠にしている。

この日は、当時陸大教官の石原莞爾が「我が国防方針」と題して報告し、討論がおこなわれた。永田の発言はこの時のものである（「木曜会記事」）。

しかし、この永田発言は、戦争は必要ない場合もある、したがってもし戦争がない場合でも「満蒙を取る」必要があるのか、と問いかけているにすぎない。というのは、永田はその直前、今回は「国策、国防方針の基礎となるべき次の戦争の研究なるをもって、次の戦争は何国と何時如何《いか》に戦うべきか定める要あり」と発言している。

また直後に、一つの例示としてであるが、将来戦の本質を「消耗戦」とし、可能性として考えられる戦争相手にイギリス・アメリカ・ロシアをあげ、「支那は無理に『も』自分のものにする」、と述べている。これらから、永田が戦争が起こる場合も想定していることがわかる。

したがって、先の発言は、戦争が起こる場合と起こらない場合とを念頭におき、起こらない場合に満蒙を取る必要があるのかと疑問をだしているのである。戦争を想定した場合に満蒙をどうするかについてはふれていない。それゆえ、この発言からでは、永田が満蒙領有にたいして異を唱えていた、満蒙侵攻の不要性を説いていた、とは断定できないのではないだろうか。しかも、後述するように、永田はいずれ戦争は不可避だとの見方をしていたのである。

なお、前後の文脈から、あえてこの時の永田の発言意図を忖度《そんたく》すれば、当日の問題提起者であった石原莞爾の遠大な日米世界最終戦論に煽られ、「日本人が支那の中心となりて完全にこれを利用せば、世界を対手《あいて》として戦い得る」（鈴木貞一）などと過熱している議論に、水をかけることにあったのではないかと思われる。

一夕会結成

さて、この木曜会と二葉会が合流して、一九二九年（昭和四年）五月、「一夕会」が結成された。

岡村の日記には、

「五月一六日（木）午後六時、富士見軒にて中少佐級正義の士の第一回参集に列席す。予［岡村］等の同人にて予の外永田、東条、松村《まつむら》［正員《まさかず》］参加し、一夕会と命名す」

とある。当日の出席者として他に、根本博・土橋勇逸・清水規矩《しみずのりつね》ら九名の名前が記されている。

満州事変約二年前のことである。

一夕会の構成員は四〇名前後で、陸士一四期から二五期にわたり、二葉会、木曜会の会員のほか、武藤章《むとうあきら》、田中新一、冨永恭次《とみながきようじ》など後の陸軍で重要な役割をはたす少壮幕僚もメンバーとなっている。

あらためて主要な会員名を挙げておくと、

永田鉄山、小畑敏四郎、岡村寧次、東条英機、河本大作、工藤義雄《くどうよしお》、山岡重厚、板垣征四郎、土肥原賢二、磯谷廉介、渡久雄、山下奉文、橋本群《はしもとぐん》、鈴木貞一、石原莞爾、根本博、村上啓作、土橋勇逸、鈴木率道《すずきよりみち》、牟田口廉也《むたぐちれんや》、武藤章、田中新一、冨永恭次

などで、いずれも、こののち昭和陸軍で名を知られるようになる。

一夕会は、第一回会合で、陸軍人事の刷新、満州問題の武力解決、荒木貞夫・真崎甚三郎・林銑十郎《はやしせんじゆうろう》の非長州系三将官の擁立、の三点を取り決めた。そして、まず陸軍中央の重要ポスト掌握にむけて動いていく。永田、小畑、岡村が主導的位置にあり、永田がその中心的存在であったとされている（土橋勇逸『軍服生活四十年の想出』）。

ちなみに、一夕会結成は、田中義一政友会内閣の末期、浜口雄幸民政党内閣成立の約一ヵ月半前で、田中内閣の陸相は白川義則、浜口内閣の陸相は宇垣一成だった。白川・宇垣は、ともに元陸相で長州出身の田中義一の影響下にあり、長州閥の流れをくむ人物とみら

れていた。

さて、一夕会の取り決めのうち、第一の、陸軍人事の刷新は、一夕会会員を陸軍中央の主要ポストにつけ、田中・白川・宇垣ら長州系の影響力を陸軍中央から排除することを意味した。また、その陸軍中央のポストで、自己の領域の上司に働きかけ、一夕会が意図する方向を実現させるよう互いに協力することが含まれていた。

次に第二の、満州問題の武力解決は、二葉会・木曜会から受け継がれたものである。その後の一夕会会員の動きからして、木曜会の満蒙領有方針がここに持ち込まれ、かなり広範囲に共有されていたものと思われる。この方向は、実際上の形態はさまざまにありうるが、満蒙における中国の主権を否定することを意味するものだった。これが満州事変に直接つながっていく。

たとえば、根本博(一夕会会員)の回想によれば、同年(一九二九年)末、永田・東条・石原・鈴木(貞一)・根本らは、「張学良を武力でもって放逐する」ことを決定し、それぞれ上司にも働きかけ軍内の空気を醸成することに動きはじめている(「根本中将回想録」『軍事史学』第一一号)。

さらに第三の、荒木・真崎・林の非長州系三将官の擁立は、さきの田中・白川・宇垣らの影響力の排除と関連していた。荒木・真崎・林の中心は佐賀出身の真崎で、荒木は東京出身、林は石川出身であったが、それぞれ早くから真崎と親しい関係にあった。そして、真崎を通じて佐賀閥（宇《う》都宮《つのみや》太《た》郎《ろう》、福田雅太郎、武藤信義ら）とつながっていた。佐賀閥は、薩摩の上原勇作の系譜を引くもので、ことに田中・宇垣と深い対立の因縁があった。

すでにふれたように、田中と上原は、清浦内閣の陸相選定をめぐって対立した。田中は宇垣を、上原は佐賀系の福田雅太郎（長崎）を推し、結局上原が敗れ、宇垣に決まった。その二年後宇垣陸相時に、参謀総長選定をめぐって上原と宇垣が対立した。上原は佐賀の武藤信義を、宇垣は自派の鈴木荘六を推し、ここでも上原が敗れ、鈴木が参謀総長となった。

真崎・荒木・林は、このように田中・宇垣系に対立する上原・佐賀閥の系譜に連なるものだった。すなわち真崎らの擁立は、永田ら一夕会が反田中・宇垣の立場に立っていることを意味したのである。

なお、宇垣が、長州出身の有力者津野一輔が死去する一九二八年（昭和三年）から、翌年の田中失脚、病死の過程で、自派の形成を本格化させたことは、前述した。この時点で、陸軍主流は長州閥から宇垣派に姿を変えたのである。

一夕会が、野津死後の宇垣派形成本格化のなかで結成され、しかも人事の刷新をかかげていることから、それが宇垣派に対抗するものでもあったことが分かる。

反主流派的組織

　ちなみに、一夕会は、そのメンバーすべてが陸軍大学卒業者だった。陸大には、陸軍士官学校卒業者（毎年五〇〇名前後）から、一定の部隊勤務後、毎年約五〇人前後が試験によって選抜され入学した。陸大卒業者のうち優等卒業者（毎年六名）には、「恩賜《おんし》の軍刀」が下賜された。一夕会会員では一一名（約二五パーセント）が優等卒業者で、多くのメンバーが陸軍高級エリートだった。

　ただ、注意を引くのは、首席卒業者は鈴木率道ただ一人だったことである（陸大首席で木曜会出席者だった鈴木宗作・澄田《すみた》睞四郎《らいしろう》は、正式には一夕会には加わっていない）。永田は次席で、小畑は六位。岡村、東条は優等卒業者になっていない。石原莞爾は次席。永田の衣鉢《いはつ》を継ぐとされた武藤章は五位だった。一夕会の性格の一面を示すものとして興味深いデータである。

　一夕会は、主流派の田中・宇垣派に対抗する、真崎・荒木らを擁立しようとしており、いわば反主流派的組織だった。首席卒業者には、そのような組織に関係しなくとも、自己の抱負を実現しうるような地位への可能性は十分約束されていたといえよう。当時一般には陸大卒業時の成績がその後の陸軍内キャリアに重要な意味をもっていたからである（鈴木率道は、個人的に小畑と近い関係にあり、そのルートで一夕会会員となっている）。

たとえば、永田次席時の首席は梅津美治郎《うめづよしじろう》（非一夕会会員）だった。梅津は、宇垣派有力者の南・金谷と同郷の大分出身で、永田は満州事変まで、陸軍中央のキャリアにおいて常に梅津の後塵を拝することとなる。満州事変前、永田が陸軍省軍事課長だった頃、前任者は梅津で、彼はワンランク上の参謀本部有力ポスト総務部長に就任していた。

なお、後年、一夕会の中心人物だった永田・小畑が激しく対立するが、その亀裂は木曜会設立当時すでに生じはじめていたとの見方がある。そのような見方は小畑はじめ周辺の人々の戦後の回想によっている。だが、これらの回想は小畑の永田への複雑な感情や、後年の両者の激烈な対立への強い印象が投影されており、資料評価に注意を要する。少なくとも当時の岡村の日記では、満州事変頃までは、そのような亀裂はうかがえない。

「癌は宇垣派」

ところで、永田と宇垣、真崎との関係について、永田はもともと宇垣に近く、真崎・荒木らと接近したのは、満州事変以降もしくは第二次若槻内閣末期からだとの見方がある。しかし、永田は、当時の関係者の回想などからみて、一夕会の中心人物であったとみられるが、その一夕会は真崎・荒木らの擁立を目ざしていたのである。

永田は、陸軍軍縮や、青少年訓練の実施とそれにともなう徴兵在営年限の短縮などでは宇垣に協力的であった。だが、それは政策上職務上のことであり、内心では長州閥に連なる宇垣派への対抗姿勢は一貫していたと思われる。

ちなみに、永田と真崎の関係については、永田の真崎宛書簡が五通残されており、内四通が一夕会発足以前に発信されている。その四通は、一九二八年（昭和三年）末から翌年一月にかけてのもので、おもに、二葉会の山岡重厚、工藤義雄（ともに一夕会メンバー）の陸軍中央課長ポスト就任工作に関するものである。当時真崎は、弘前の第八師団長であった。

そこで永田は、山岡・工藤を、陸軍省補任課長か教育総監部第二課長に就けようと、自身らが様々な働きかけをしていることを伝え、真崎に陸軍中央工作への協力を依頼している。また、川島義之《かわしまよしゆき》人事局長、林銑十郎教育総監部本部長らとも相談していること、満州で秦真次《はたしんじ》奉天特務機関長の助力をえていること、なども知らせている。さらに、陸軍省徴募課長の後任に田中・宇垣派の「策動」が予想され、その「防遏《ぼうあつ》」のために対抗処置をとる必要があること、「癌《ガン》は陸軍首脳部［田中・宇垣派］の腹中」にあるとの判断などが記されている。

「山岡、工藤の何れかを補任、教総第二課何《いず》れかに据ゆる件、愈々《いよいよ》確実性を増し候《そうろう》次第御了承願候。但し好事魔多く候えば今後共御高配訴上候。

重大問題に関しては閣僚の一人とも種々談合致し候も、何分癌は陸軍首脳部の腹中に有之《これあり》、懸念に不堪《たえず》候」（『真崎甚三郎関係文書』）

川島、林、秦は、濃淡の差はあるが、いずれも真崎と繫がりがあった。永田が真崎らと近い関係にあったことが分かる。なお、真崎は、一九二九年（昭和四年）七月から東京の第一師団長となるが、永田が同師団第三連隊長、東条が同第一連隊長で、三者は緊密な関係にあったようである。

たとえば、一九三一年（昭和六年）の岡村日記には次のような記事がある。

「八月八日（土）

午後六時偕行社新館に真崎中将より招待せらる。山岡、永田、小畑、東条、磯谷、工藤及び予［岡村］の七名なり。部内の重要事につき意見を交換す」

ここで真崎に招待されている七名は、すべて一夕会メンバーである。

なお、現在公開されているかぎりでは、永田の宇垣宛書簡はなく、宇垣日記にも永田暗殺時以外に永田に関する記述はない。

また、一九二九年（昭和四年）三月の岡村日記には、宇垣系の林《はやし》桂《かつら》参謀本部戦史部長について、「永田、東条、予［岡村］を自分の幕僚と思いおるは、割合に罪なき人なり」、との記述がある。宇垣派とは異なるとの岡村らの自己認識が表出しているといえよう。

中央ポストを掌握

さて、さきのような一夕会の方針決定後、永田らは、まず陸軍中央の重要ポスト掌握に本格的に着手する。

一夕会結成から三ヵ月後の八月（一九二九年）、岡村寧次が、陸軍省人事局補任課長のポストを得る。補任課長は全陸軍の佐官級以下の人事にたいして大きな権限をもっていた。補任課長ポスト確保のため、どのような工作が行われたのかは現在のところ不明だが、おそらく一夕会会員から各方面への働きかけがなされたのであろう。この岡村補任課長を通して、一夕会の陸軍中央ポスト掌握が本格化する。

なお、その後、一夕会員の清水規矩が、参謀本部の人事に関与する同総務部庶務班長となる（後任の庶務班長も一夕会の牟田口廉也）。またその後、同じく一夕会会員の工藤義雄が、教育総監部の人事に関与する同庶務課長に就く。これによって、陸軍省、参謀本部、教育総監部の人事に一夕会員が何らかのかたちで関与できるような態勢となっていく。

一方、一九三〇年（昭和五年）八月、永田鉄山が陸軍省軍務局軍事課長に就任する。軍事課長は政策立案のみならず予算編成と配分に実質的に強い発言力をもっており、軍政部門のみならず全陸軍における最も重要な実務ポストだった。また渡久雄が参謀本部欧米課長となる。

さらに満州事変直前の翌年（一九三一年）八月には、陸軍省徴募課長に松村正員、馬政課長に飯田《いいだ》貞固《さだかた》、軍事課高級課員に村上啓作、同支那班長に鈴木貞一、参謀本部動員課長に東条英機、作戦課兵站班長に武藤章、教育総監部第二課長に磯谷廉介などが就いている。

また、一夕会が擁立しようとしていた将官の一人荒木貞夫が、中央要職の教育総監部本部長に就任する。一夕会の工作によるものだった（『鈴木貞一氏談話速記録』）。なお、この時、真崎甚三郎は第一師団長から台湾軍司令官に転出。林銑十郎は前年一二月から朝鮮軍司令官となっていた。

こうして陸軍中央の主要実務ポストを一夕会会員がほぼ掌握することとなった。一夕会が岡村補任課長就任を契機に急速に人事配置を推し進めていることが分かる。彼等の任期は通常一～二年で、それほど遠くない時期での武力行使が想定されていたといえよう。

また、一九二八年（昭和三年）一〇月に、石原莞爾が関東軍作戦参謀に、翌年五月には、

陸軍省	
軍事課	課長永田鉄山、高級課員村上啓作、支那班長鈴木貞一、外交班長土橋勇逸、課員下山琢磨、課員鈴木宗作
補任課	課長岡村寧次、高級課員七田一郎、課員北野憲造
徴募課	課長松村正員
馬政課	課長飯田貞固
動員課	課員沼田多稼蔵
整備局	局員本郷義夫
航空本部	
第一課	課長小笠原数夫
参謀本部	
動員課	課長東条英機
庶務課	庶務班長牟田口廉也
作戦課	兵站班長武藤章
欧米課	課長渡久雄
支那課	支那班長根本博
運輸課	課長草場辰巳
参謀本部	部員岡田資　部員清水規矩、部員石井正美、部員澄田睞四郎
教育総監部	
第二課	課長磯谷廉介
庶務課	課長工藤義雄
教育総監部	部員田中新一
砲兵監部	部員岡部直三郎
内閣資源局	
企画第二課	課長横山勇
関東軍	
高級参謀板垣征四郎	
作戦主任参謀石原莞爾	
奉天特務機関長土肥原賢二	

板垣征四郎が関東軍高級参謀となっている。これは岡村の補任課長就任以前だが、その頃には一夕会会員となる加《か》藤《とう》守《もり》雄《お》が補任課員で、その働きかけもあったものとみられている。

一九三一年（昭和六年）九月、満州事変開始時の陸軍中央および関東軍における一夕会系幕僚（二葉会、木曜会をふくむ）の配置は右表のとおり。一夕会系幕僚が、各部局の主要実務ポストとみられる課長もしくは班長を、ほぼ掌握していることが分かる。

これらに準ずるポストとして、ほかに、陸軍大学教官小畑敏四郎、同鈴木率道、兵器本廠付冨永恭次などが配置されていた。

この態勢で一夕会は満州事変を迎えたのである。

第２章　満州事変の展開
――関東軍と陸軍中央

柳条湖鉄道爆破現場

1　柳条湖事件までの陸軍中央

深夜の入電

一九三一年（昭和六年）九月一八日夜の柳条湖事件から満州事変は始まった。

東京・三宅坂の陸軍中央には、一九日午前一時過ぎ、奉天から、「暴戻《ぼうれい》なる支那軍隊」が満鉄線を「破壊」し、日中の部隊が衝突したとの第一報が届いた。続いて午前二時、中国軍が満鉄線を「爆破」し、目下交戦中との第二報が入り、その後も入電は続いた。

午前七時、陸軍省・参謀本部合同の省部首脳会議が開かれ対策が協議された。

出席者は、陸軍省から、杉山元《すぎやまはじめ》陸軍次官、小磯国昭軍務局長。参謀本部から、二宮治重参謀次長、梅津美治郎総務部長、今村均《いまむらひとし》作戦課長（建川美次作戦部長代理）、橋本虎之助情報部長。このほか陸軍省の永田鉄山軍事課長も加わっていた。

今村作戦課長の証言によれば、当時永田は実質的には局長待遇で、このような局長・部長以上の会議においても、特別に出席を許されていたとのことである（『今村均政治談話録音速記録』、国立国会図書館所蔵）。

この会議で、小磯軍務局長が「関東軍今回の行動は全部至当の事なり」と発言。一同異議なく、閣議に兵力増派を提議することとなった。今村ら作戦課が増派の起案準備に、永田ら軍事課がその閣議提出案の準備にかかった（参謀本部作戦課「満州事変機密作戦日誌」『太平洋戦争への道』別巻（資料編）第二章。以下、とくに断りのないかぎり陸軍中央の動きはこの作戦課の日誌による）。

満州での事件内容を調査確認することなく、即座に関東軍の全面出動を是認し、しかも増派まで決定したのである。この素早さは、会議出席者中の主要なメンバーが、それが一八日かどうかはともかく、近々の満州での軍事行動を予想していたことをうかがわせる。

そこで、少し時間をさかのぼって、永田らによる一夕会結成後の陸軍中央の動きをみておこう。

「満州における鉄道問題に関する件」

一九二八年（昭和三年）三月の木曜会で提起された満蒙領有方針は、一夕会の満蒙問題武力解決方針へと受けつがれたが、この方針は、実行時期を定めていなかった。

だが、まもなく実行への動きが始まることとなる。

一九三〇年（昭和五年）一一月一四日、浜口雄幸民政党内閣の幣原喜重郎外相は、陸軍を含めた関係機関に、「満州における鉄道問題に関する件」（外務省記録「満蒙問題に関する交渉一件満蒙鉄道交渉問題」、外務省外交史料館所蔵）と題する方針案を示した。浜口首相が東京駅で狙撃された当日である。

方針案は、日中間の「共存共栄」の観点から、中国側の「感情融和」をはかるとの基本方針のもと、次のような内容を含んでいた。

中国側の「満鉄競争線」（満鉄併行線）については、満鉄に「致命的の影響」をあたえるものは基本的に容認しない。だが、それ以外の既設線については、連絡協定を締結して、これまでの「抗議を撤回」する。「満鉄競争線」以外の路線については、むしろ中国側による建設に「援助を与える」こととする。

そして、田中義一政友会内閣期に建設を認めさせた山本《やまもと》協約満蒙五鉄道（後述）についても、洮南《とうなん》・索倫《ソロン》線、延吉《えんきつ》・海林《かいりん》線、吉林《きつりん》・五常《ごじょう》線の三鉄道は「支那側の自弁敷設に委《まか》せ」る。そして、残りの二鉄道についても基本的には当面権利留保に止める。こうした融和的な方向が提案されていたのである。

これに対して、一二月三日、陸軍省側から一部修正のうえで同意する旨の回答がなされた。この回答について、額面どおり外務省案に基本的には同意したものとする理解が多い。だが、その時の小磯国昭陸軍省軍務局長による意見書は、次のようなものだった。

中国側の対満鉄政策は「政治的見地」からのもので、方針案のいうような「共存共栄」

は不可能である。したがって、中国側の日本への「対抗競争」を「断念」させるような処置を講じなければならない。

しかしながら、「満州の現状はこの大方針の実現を待つを許さざるもの」があり、それゆえ「応急の策」として、外務省案に一部修正を加えて同意する（同右）。

すなわち、外務省方針である日中間の共存共栄は不可能だとして、基本的には外務省の融和姿勢に事実上の反対を表明している。そのうえで、さしあたりの当面の処置としては同意するというのである。

あまり指摘されていないが、この幣原外相提案は、じつは陸軍にとって重大な内容をふくんでいた。

田中義一政友会内閣期に、山本条太郎《じょうたろう》満鉄社長は張作霖に、満蒙五鉄道の満鉄請負契約（借款《しゃっかん》）による建設を認めさせた。そのうち、洮南・索倫線、延吉・海林線、吉林・五常線は、それまでの外務省案にはふくまれていなかった。

それら三線の建設は、対ソ戦準備を主眼とする陸軍側の強い意向によるものだった（佐藤元英『昭和初期対中国政策の研究』）。幣原案はその三線をすべて中国側の自弁鉄道に任せ、他の二線も権利留保などに止めようとするものであった。陸軍中央にとっては、とうてい認められない内容だったといえよう。

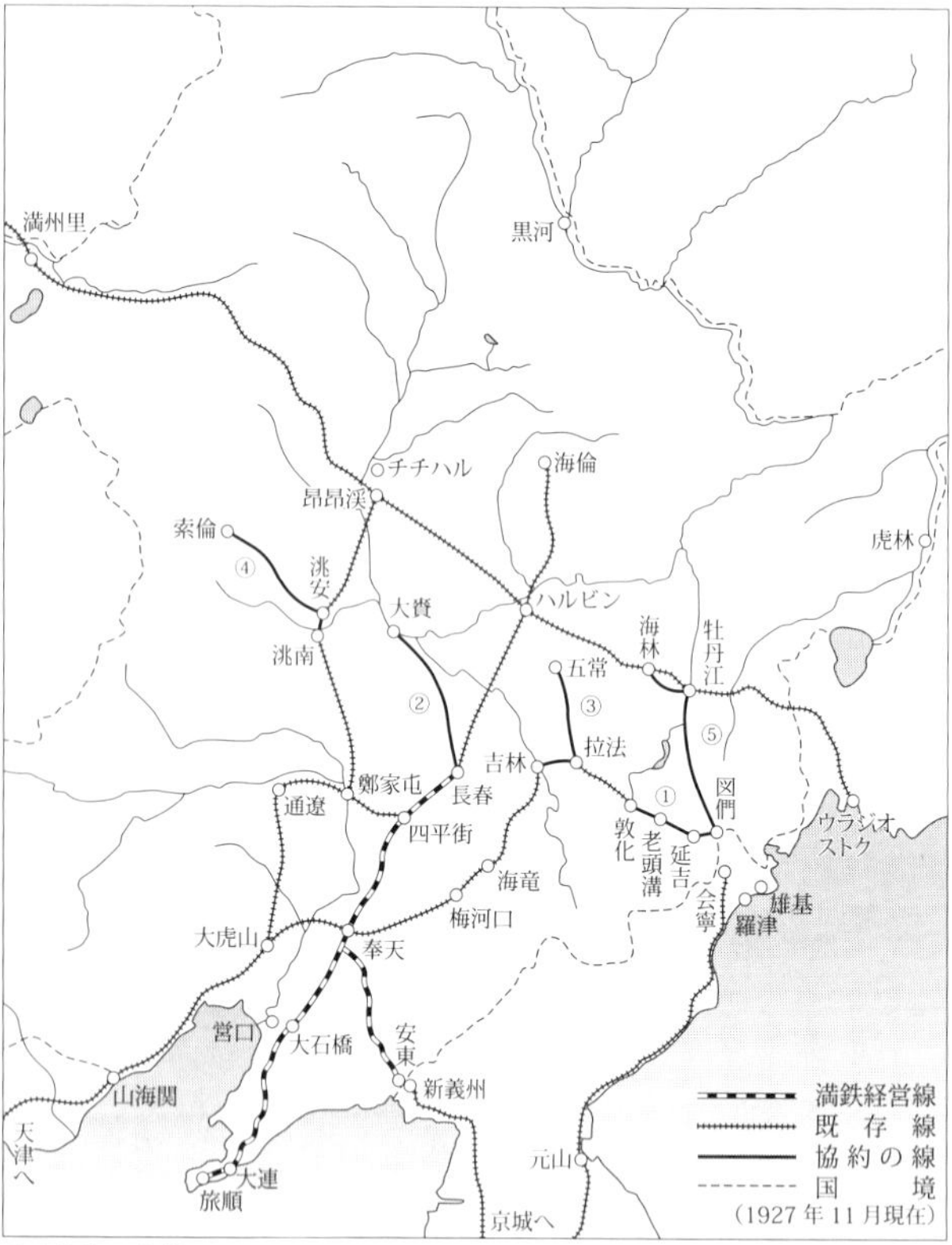

山本協約五鉄道図
①敦化・会寧線
②長春・大賚線
③吉林・五常線
④洮南・索倫線
⑤延吉・海林線

なお、日本側請負契約による建設促進の観点のみならず、借款鉄道（中国国有・日本側利権鉄道）とするかどうかは、業務・運行の掌握の面から重要な意味をもっていた。借款鉄道の場合、会計主任や技師長、運転主任など業務・運行上の重要ポストを日本側に確保できたからである（高橋泰隆『日本植民地鉄道史論』）。また、後述するように、日本側利権鉄道となるかどうかは、出兵慣行のうえからも重要な意味をもっていた。

したがって、陸軍側の同意は、文字どおり「応急」の回答としてであり、陸軍中央は首脳部・幕僚層ともに、この時点で、幣原の対満蒙政策に基本的に見切りをつけたと考えられる。なお、この時、事案の主務担当は軍務局軍事課であり、その責任者は永田軍事課長だった。

ちなみに、基本的に政党政治に協力的な姿勢だった宇垣一成陸相（浜口内閣）も、陸軍側回答の前日の日記にこう記している。満蒙の既得権益が「侵害され蹂躙《じゅうりん》せらるる」ことは、日本の「満蒙発展が妨害され阻止さるる」ことになる。それは「帝国の存立上容認さるべきではない」、と。そのうえで、約一週間後の一二月一〇日には、満蒙に鉄道を建設しようとすれば「経済的に有利有望の路線」は沢山ある。にもかかわらず、中国側は「何を好んで満鉄包囲策を夢みて政治的紛争を求むるのか」、としている（『宇垣一成日記』）。

ここには外務省案について直接言及されておらず、満蒙五鉄道問題などその全体に対する宇垣の判断は不明である。この頃、宇垣は中耳炎のため静養中で、阿部信行が陸相代理を務めており（一二月一〇日まで）、外務省案や陸軍側回答そのものを見ていたかどうかも確認できない。だが、少なくとも中国側の「満鉄包囲策」すなわち外務省が一部抗議を撤回しようとしている満鉄競争線（満鉄併行線）は容認できないとの姿勢であり、幣原外相案とは少なからぬ距離があったといえよう。

「昭和六年度情勢判断」

翌一九三一年（昭和六年）三月、満蒙問題の根本的解決の必要を主張する、参謀本部情報部「昭和六年度情勢判断」が作成され（「機密書類返納の件」『昭和六年軍事機密大日記』第三分冊、防衛省防衛図書館所蔵）、四月、陸軍省・参謀本部での正式承認を受けた。また、それは関東軍など関連各機関にも通知された。

「昭和六年度情勢判断」は、建川参謀本部情報部長のもと、渡久雄欧米課長、重藤《しげとう》千《ち》秋《あき》支那課長、橋本《はしもと》欣五《きんご》郎《ろう》ロシア班長、根本博支那班長ら情報部中心メンバーによって策定された。欧米課員の武藤章も作成に加わっていた。この「情勢判断」の原本・写しともに現在のところ所在不明である。だが、他の資料から、そこでは、国際情勢の分析判断とともに、満蒙問題の根本的解決の必要性が主張されていたこと、その方策として、第一段階の親日独立政権（中国主権下）樹立案、第二段階の独立国家建設案、第三段階の満蒙領有案が記されていたことが推定されている（『現代史資料』第七巻「資料解説」）。

ちなみに、情勢判断作成の責任者であった建川情報部長は、同時期の講演で、国際情勢を総合観察するに、「満蒙に対する帝国の積極的進出は速《すみやか》にこれを決行する」ことが有利だ、との発言をしている（「師団長会同席上に於る配布書類」『上原勇作関係文書』）。

また、二宮治重参謀次長は、後の書簡で、次のように記している。満蒙問題の解決のためには、「近く両三年の間」に、満蒙の事態を国民に十分了解せしめ、政府を指導鞭撻《べんたつ》して国論を固めなければならない。また軍部としては「対支米露の作戦準備」を整え、その間中国の「暴慢増長」と満蒙の真相を列強に知らせしめる。その後、「好機を捉へて断然立つ」ようにすべきである。そう陸軍中央において「情勢判断」を確立した、と（作戦課「満州事変機密作戦日誌」）。

おそらく「昭和六年度情勢判断」はこのような内容を含んでいたものと思われる。

また、先の作成メンバーのうち、渡、根本、武藤の三人は一夕会員であり、その意向が何らかのかたちで反映されていたものと考えられる。なお、橋本が戦前に残した手記によれば、その結論部分には「満州は処理せざるべからず。政府において軍の意見に従わざる場合は断然たる処置に出るの覚悟を要す」旨が付言されていたという（中野雅夫『橋本大佐の手記』)。

同年四月一三日、浜口雄幸首相の体調悪化によって浜口民政党内閣が総辞職し、翌日、第二次若槻礼次郎民政党内閣が成立した。浜口首相は、前年一一月、東京駅で銃撃を受け重体となり、その後一時回復したかにみえたが再び悪化し、総辞職後死去することになる。第二次若槻内閣成立にともなって、陸相は宇垣一成から南次郎に代わった。参謀総長は浜口内閣時の金谷範三のままで、南、金谷ともに宇垣派だった。

五課長会議の方針案

同年六月、陸軍内で「昭和六年度情勢判断」への具体的対策案を検討するための、いわゆる五課長会議が発足。一年後を目途に満蒙での武力行使を可能とする準備をおこなうことなどを定めた、「満州問題解決方針の大綱」を決定した。

五課長会議は、建川美次参謀本部情報部長を委員長に、陸軍省の永田鉄山軍事課長、岡村寧次補任課長、参謀本部の山脇正隆《やまわきまさたか》編制動員課長、渡久雄欧米課長、重藤千秋支那課長からなっていた。だが、八月から、山脇に代わった東条英機編制動員課長が入り、今村均参謀本部作戦課長、磯谷廉介教育総監部第二課長も加わり、七課長会議となった。ちなみに、七人の課長のうち、永田、岡村、渡、東条、磯谷の五人が一夕会メンバーである。

満州事変勃発後も、この七課長会議が、内閣の不拡大方針の意向をくむ南次郎陸軍大臣や金谷範三参謀総長に抗しながら、満蒙独立政権樹立から満州国建国の方向で幕僚レベルでの陸軍中央の方針案を提起していくことになる。

したがって、この七課長会議の動きが、歴史的に極めて重要な意味をもっていた。

なお、岡村の日記によれば、両課長会議による各種の原案作成には建川は全く加わっていない。今村は後の談話で、建川が中心としているが（『今村均政治談話録音速記録』）、それは委員長という職責上のことであり、実質は上記の各課長によって動かされていたと思われる。

五課長会議については、岡村の日記に次のようにある。

「六月一一日（木）
参謀本部情勢判断対策に関し、実行案を練るため、本省［陸軍省］にて、永田と予［岡村］、参本［参謀本部］にて渡、山脇、重藤、三大佐、計五人、内密の委員を非公式に命ぜられ、本日第一回会合を偕行社に開き、第一着手の方針を協議す」（舩木『岡村寧次大将』）

この会議の発足は、当時の参謀本部の公式記録『参謀本部歴史』（防衛省防衛研究所所蔵）にも記されている。したがって五課長会議は、内密ではあるが正式の機関であったといえる。

その後会議は、西銀座の木下旅館、国本社《こくほんしゃ》などで続けられた。ちなみに、国本社は、平《ひら》沼騏一郎《ぬまきいちろう》枢密院副議長の主宰する右翼団体で、永田や東条らも関係していた。

「六月一九日（金）
午後四時より、永田、渡、山脇と四人して国本社一室にて、例の国策研究対満蒙方針の原案、略々《ほぼ》成る。」（舩木『岡村寧次大将』）

この対満蒙方針の原案に検討が加えられ、「満州問題解決方針の大綱」となった。

その主要な内容は、

一、満州における張学良政権の排日方針の緩和に、外務省とも協力してつとめる。

一、にもかかわらず排日行動が発展すれば、ついに「軍事行動の已《や》むなきに到る」ことがある。

一、満州問題の解決には、内外の理解をえることが絶対に必要である。
一、軍事行動に必要な兵力は、関東軍と作戦部が協議して計画する。
一、内外の理解をえるための施策は、「約一ヵ年すなわち来年春まで」を期間とし、その実施に周到を期す。
一、関東軍首脳部に、「来る一年間は隠忍自重」のうえ、排日紛争に巻き込まれないように努めさせる。

というもので、陸軍省・参謀本部首脳の承認を得て、関東軍にも伝達された（『現代史資料』第七巻）。

実質的に、一年後を目途に、満蒙での武力行使を可能とする準備をおこなうことが決められたのである。

この時点では、南陸相・金谷参謀総長・杉山陸軍次官・二宮参謀次長、小磯軍務局長、建川情報部長ら陸軍首脳も、満州における何らかのかたちでの武力行使を容認していたといえる。ちなみに、彼らはいずれも、一夕会が対抗しようとしていた長州閥の流れをくむ宇垣派に属していた。この頃には、一夕会のみならず、宇垣派も、満州での武力行使の可能性を考慮に入れていたのである。

しかし、実際は、一年後を待たずに、約三ヵ月後の九月中旬、柳条湖事件がおこる。

なお、この「大綱」の現存資料は、今村作戦課長の記憶に基づくものと推測されている。そこで、武力行使を一年後としている点については、二、三年後の記憶違いではないかとの意見がある。先の二宮次長書簡の「両三年」の後に立つとの記述や、神田正種《かんだまさたね》朝鮮軍参謀の、陸軍中央は満州解決策の目標を「昭和一〇年」においていた、との指摘（神田正種「鴨緑江」『現代史資料』第七巻）などを根拠としている。

片倉衷

だが、片倉衷《かたくらただし》関東軍参謀部付の戦後談話では、当時永田は「明一年位考えて中央と一体で解決せよ」と述べたとされている（『片倉衷氏談話速記録』）。また、この部分が実質的に「大綱」の枢要点であることから、それを記憶違いするとは、あまり考えられないように思われるがどうであろうか。ちなみに、二宮書簡には、それに続けて、「本年春頃より、この方針の下に先ず国論喚起に着手した」との記述があり、この部分が「満州問題解決方針の大綱」を指すのではないかとも考えられる。

また、五課長会議メンバーの多くと交流のあった、守島伍郎《もりしまごろう》外務省アジア局第一課長は、戦後の回想で次のような趣旨を述べている。「大綱」にある、世界の支持を獲得するというようなことは、実際には一年や二年ではできない。にもかかわらず、武力行使に同意させるため、一見穏当に見えるような作文をして、陸相や参謀総長のサンクションを得たのであろう。そして、一年後に満州での武力行使に出ようというのが、彼らの腹の底ではなかっただろうか、と（守島「満州事変の思い出」『霞関会会報』）。興味深い見方である。

一夕会は、岡村補任課長を通じて、一九三〇年（昭和五年）八月から翌年八月にかけて、会員を一気に軍中央の重要実務ポストに就けている。予想される彼らの在任の期間（一〜二年程度）からして、それほど遠くない時期での武力行使を想定していたといえよう。

さて、満蒙武力行使にむけて準備をおこなう方針を示した「満州問題解決方針の大綱」のあと、永田ら五課長会議は、同一九三一年（昭和六年）七月、軍司令官・師団長会議での陸相訓示案を作成した。

そこでも満蒙問題について、「満蒙」の地は「帝国の生存発展」と密接な関係がある。にもかかわらず、近時その情勢が日本にとって好ましくない傾向にあり、「事態の重大化」を思わせるものがある、と特に言及してある（「軍司令官及師団長会議に於ける南陸軍大臣の口演要旨」『現代史資料』第七巻）。八月、陸相訓示が公表されるや、この部分は満蒙問題をことさら重大化させるもの、として各新聞や与党民政党などから強い非難を受けた。

また、その前年一一月、永田軍事課長は満州出張の際に、攻城用の二四センチ榴弾砲《りゅうだんほう》の送付を関東軍の石原らに約束し、翌年七月に据え付けがおこなわれた。奉天城や北大営の攻略を念頭においたものだった（中野良次「回想『満州事変の真相』抜粋」『現代資料第一一巻』）。

ところで、一九三一年（昭和六年）七月末から八月初めにかけて、板垣関東軍高級参謀が、新しく関東軍司令官として赴任する本庄繁に随行するため帰国した。その時、岡村の日記によれば、少なくとも、八月三日に板垣は岡村と二人で会っている。この時何が話し合われたのかは不明だが、二葉会・一夕会と続く二人の関係からして、板垣らによる鉄道爆破の九月決行計画についても、何らかのかたちで情報の交換がおこなわれたことは十分考えられる。

同年八月四日、軍司令官・師団長会議終了後、林銑十郎朝鮮軍司令官、本庄繁関東軍司令官、真崎甚三郎台湾軍司令官と陸軍中央幕僚との会合がおこなわれた。中央からは、陸軍省の杉山陸軍次官、小磯軍務局長、永田軍事課長が出席。参謀本部の二宮参謀次長、建川作戦部長（八月一日情報部長から異動）、重藤支那課長、さらに根本支那班長、橋本欣五郎ロシア班長ほかの一般課員も出席していた。

林に随行し同席していた朝鮮軍参謀神田正種の戦後手記によれば、そこで板垣から満蒙問題の「至急積極解決の要」が述べられ、応答がなされた。そして、その二次会に残った一般課員などの間で、「中央の指令を待っていたのでは到底《とうてい》駄目だ、出先でやれ、やった以後はおれ達が頭［上層部］を動かす」、との申し合わせがなされたという（神田「鴨緑江」）。

これにあわせて、軍中央から関東軍に、通常の作戦計画に加えて、有事の場合の中国軍に対する作戦準備が指示された。それに対して関東軍では、「非常の場合には、東北における政治的中心である奉天付近の支那側の軍隊の精鋭をまずたたく」方針を決定。奉天（瀋陽）に二時間以内に全力を集中させる輸送計画が作られた。もちろんこれは関東軍としての正規の計画であり、必ずしも謀略などによる作為的な有事を前提にしたものではなかった（『片倉衷氏談話速記録』）。だが、石原・板垣らは、前述のように、すでに謀略による有事創出を画策していたのである。

三月事件と中村大尉事件

なお、その間にいわゆる三月事件が起こっている。「昭和六年度情勢判断」が作成された頃である。参謀本部の重藤支那課長や橋本ロシア班長らと、大川周明《おおかわしゅうめい》など民間右翼が、宇垣陸相を首班とする軍事政権を樹立しようとしたクーデター未遂事件である。だが最終的には宇垣の同意がえられず未遂に終わった。この計画には、二宮参謀次長、建川情報部長、小磯軍務局長も賛同していたとみられる。

当時、浜口首相の遭難のあと幣原喜重郎外相が首相臨時代理をつとめていたが、彼の失言による議会の混乱などが生じていた。しかし、三月一〇日、浜口首相が病体をおして復帰し、事態は一応沈静化する状況にあった。

計画は、永田軍事課長や岡村補任課長にも伝わったが、岡村の日記によれば、永田らは当初から「慎重を勧告」し、「最初より軍最高首脳が同意せざるべきを判断して戒め」たという。

ただ、この時、永田がいわゆるクーデター計画書「永田メモ」を作成したとして、のちに陸軍内で問題となった。この永田メモの作成は、小磯軍務局長が、大川から聞き取った計画案について計画の首尾一貫性の検討を命じたことによるものとされている。

小磯の証言によれば、メモ提出のさい永田は次のように答えている。

「大川博士の暴挙計画に関しては予［永田］は仄聞《そくぶん》しあるも、このごとき暴挙は断じて不可なり。しかれども局長が計画の首尾一貫性を検討せよと命ぜらる以上、好むところにあらざるも検討はすべし。ただしこのごとき考案には絶対反対なることを言明す。……原計画は無謀にしてかつ支離滅裂なり。強いてこれに一貫性を付与するものとせば、寧《むし》ろこのごとく修正するを適当とすべきも、元来着想の根本において不純性あり。要するにこのごとき計画を実行するは絶対不可なる旨を再言す」（小磯国昭「後日資料」『極東国際軍事裁判関係文書』外務省外交史料館所蔵）

計画そのものには絶対反対の立場だというのである。

なお、のちに流布された『所謂《いわゆる》十月事件に関する手記』では、三月事件のさい橋本ロシア班長が二宮参謀次長よりりえた情報として、宇垣の乗り出しに賛成している軍部首脳の一人に永田の名前があげられている。この点について、実際に永田が一時賛成したのか、あるいは橋本の虚報によるものか、真偽は確認できない。

一方、七月上旬、長春北方の万宝山《まんぽうざん》で、朝鮮人入植者と中国側農民との紛争に、日本の領事館警察、中国保安隊が関与して衝突が起こり、これが朝鮮での中国人排斥暴動、中国での激しい排日非難に発展した（万宝山事件）。

そのようななかで、中村震太郎《なかむらしんたろう》大尉（参謀本部作戦課兵站班員）、井杉延太郎《いすぎのぶたろう》予備役曹長らが、満州北西部の興安嶺《こうあんれい》方面での軍事地誌調査中に行方不明となった。関東軍による情報収集がおこなわれたが、その結果、すでに現地の中国側兵士に六月下旬に殺害されていたことが明らかとなった。このことは一般にはしばらく伏せられていたが、八月一七日、記事解禁となり各新聞が一斉に事件を報じた。陸相訓示を対満危機感をあおるものとして非難していた有力紙も、多くは対中国強硬姿勢を示した。

なお、中村大尉事件について、のちに陸軍省軍務局長となり、日米開戦時に重要な役割を果たすことになる武藤章（一夕会会員）は、その手記で、次のように記している。

武藤章

「九月中旬に、満州事変が勃発した。私は中村大尉事件、満宝山事件……など新聞に読み、満洲が緊迫した空気を醸している事は知ってはいたが、事変そのものは全く寝耳に水であった。」（武藤章『比島から巣鴨へ』）

この手記では、中村大尉事件を新聞で読んだと、さりげなく書かれている。だが事件の新聞発表がなされた八月一七日当時、武藤は作戦課兵站班長だった。中村大尉は作戦課兵站班員で、武藤はその直属の上司だったのである。

中村大尉は、遭難時現地で軍用目的での地誌調査中だったが、本来、満州でのこのような地誌調査は、参謀本部情報部の支那課兵要地誌班が担当すべき任務だった。だが、兵要地誌班の事情で、かわって作戦課兵站班の中村が派遣されることになったとされている（河辺虎四郎『市ヶ谷台から市ヶ谷台へ』。河辺は当時作戦課高級課員・作戦班長）。

ただ、武藤が兵站班長となったのは八月一日付で、中村大尉の調査出張指示には直接関係していない。事態の詳細が判明する七月中旬から下旬には、武藤はまだ参謀本部情報部の欧米課ドイツ班員だった。だが、兵站班長となって以降は、すでに死亡が確認されていたとはいえ、中村大尉は職務上武藤の直属の部下であり、この事件は武藤にとって、部下を失うという重大な出来事であったにちがいない。このことは満州事変時における武藤の強硬姿勢（後述）と無関係ではないだろう。

軍事行動への布石

さて、この中村大尉らの行方不明について、関東軍は実力捜索をおこなうべく歩砲連合部隊の装甲列車を準備した。だが実力捜索の実施は、軍中央に阻止された。このとき石原関東軍作戦参謀は、永田軍事課長に抗議の書簡を送り（八月一二日付）、こう憤懣《ふんまん》をぶちまけている（『石原莞爾資料』）。

今回の事件は、「軍部主導となり満蒙問題を解決する第一歩」となりえた。だが軍中央の出先に対する冷淡な態度のために、絶好の機会を逃した。いかに中央が有能とはいえ、第一線の細部の事情までは分かり得ない。したがって、今後は第一線の意見を尊重しその活動に任せてもらいたい。もし我々を信頼できないのなら更迭すべきだ、と。

森恪

建川美次

これに対する永田の返信類は残されていない。ただ、石原は同書簡で、この件を「満蒙占領の口実」とするつもりはないとしており、満蒙での全面的軍事行動に移る意志はなかったようである。すでに九月下旬の謀略決行が準備されていたからであろう。

一般には、七月の万宝山事件や、八月の中村大尉事件公表などによって日中間の緊張が高まり、それが原因で満州事変に至ったとの理解が一部にある。だが、石原らは、すでに六月はじめには、謀略による事変開始を決めており、そのような理解には問題がある。ただ、それらの事件が、石原らの謀略実行にはずみをつけたとはいえる。

なお、中村大尉事件の報道解禁直後の八月三一日、政友会筆頭総務の森恪は、「国力の発動」を主張する満蒙視察報告を党幹部らの会合でおこなっている（『立憲政友会史』第七巻）。『東京朝日新聞』も、九月八日、「国策発動の大同的協力」を希望する旨の社説を掲載した。また、九月一二日付の『時事新報』に、外務省・陸軍省・参謀本部などの満蒙関係課長の会合がおこなわれ、中村大尉事件を機として満蒙の諸懸案を一切解決することに意見一致した、との記事が掲載された。

同じころ、八月の人事異動で、参謀本部で実務上最も重要なポストである作戦課長に、今村均陸軍省軍務局徴募課長が転任した。これは永田の意向によるものだった。永田は部隊への転出を希望する今村を説得するため、直接彼を訪ね、「満蒙問題はそれこそ命がけの仕事だ。……気心の知れている者同士なら遠慮なく意見も披露し合えるし、又力もあわせ得る。……君も進んで難局に当たってくれないか」、と説いている（『今村均回顧録』）。

今村は一夕会員ではないが、軍務局で共に課長として勤務し、永田から評価されていたものと思われる。それゆえか、作戦課長就任後、七課長会議のメンバーとなり、のちの統制派の母体となる永田グループにも加わっている。

今村均

今村は、作戦課長転任時、建川作戦部長から、先の「満州問題解決方針の大綱」を手渡され、それに基づく作戦上の具体化案を八月いっぱいで作り上げるよう指示を受けた。この時、建川は、政策上の具体化案については永田軍事課長に作成を指示する旨を付言している（『今村均回顧録』）。柳条湖事件時、建川は関東軍の行動開始を九月二七日と考えていたようであるが、ここで具体案作成の期限を八月末としているところからみて、このころには満州での九月下旬決行計画を承知していたものと思われる。

なお、前作戦課長鈴木《すずき》重康《しげやす》は五課長会議のメンバーにはなっていない。これらの課長会議が、単にポストの重要度によって構成されていたわけではなく、人脈その他何らかの基準による選択的意図が働いていたことがわかる。ちなみに、建川は情報部長時の五課長会議から作戦部長時の七課長会議へと委員長を続けて務めているが、五課長会議発足時の作戦部長畑俊六は最初から関係していない。

ところで、陸軍省は、八月二四日、中村大尉事件の解決策として、南満北西部の洮南・索倫地帯の保障占領案を外務省に送付した。この保障占領案は、両省間の協議の結果、見合わせることになったが、中国側が殺害の事実を否定する場合には、出先軍部の協力を得ながら林《はやし》久治郎《きゅうじろう》奉天総領事が強硬に交渉することとなった。総領事に武力行使の可能性を背景とする交渉が認められたのである（馬場明『満州事変』第一章）。

なお、鈴木貞一軍事課員（当時）は、戦後の回想で、満州事変前に永田軍事課長と谷正《たにまさ》之《ゆき》外務省アジア局長らが、「満州問題解決に関する覚書」を作成したと証言している。そして、そこには武力の使用をふくめ「あらゆる手段をもってやる」旨が書かれていたと述べている（『鈴木貞一氏談話速記録』）。もしこれが事実とすれば、中村大尉事件の処理に関わるものであろうが、その覚書は現在までのところ確認できない。

林総領事は、ただちに臧式毅《ぞうしきき》遼寧《りようねい》省政府主席・栄臻《えいしん》参謀長と交渉に入った。張学良は事態を重大視して、九月八日、万一の場合は絶対無抵抗主義を取ることを関係機関に指示した。また、一四日には、中村大尉事件への遺憾の意と平和的解決の意志を日本側に伝えた。

一方、陸軍中央では、九月一五日、杉山陸軍次官・二宮参謀次長・荒木（貞夫）教育総監部本部長間の懇談で、洮南、鄭家屯《ていかとん》、通遼、奉天兵工廠などの軍事占領を含む「中村事件今後の処理案」が議題とされた（『満州事変作戦指導関係綴』別冊其二、防衛省防衛研究所所蔵）。陸軍中央首脳部も何らかの軍事行動はやむをえないと考えはじめていた。

このような錯綜した状況のなかで、柳条湖事件が起こったのである。

2　関東軍の軍事行動と陸軍中央の内訌――宇垣派首脳部と一夕会

事件直後の対応

さて、事件翌日九月一九日早朝の省部首脳会議の決定を受け、今村ら作戦課は、既定の作戦計画に基づき、朝鮮軍よりの応急派兵、姫路第一〇師団の動員派遣の検討をはじめた。

林銑十郎

本庄繁

ところが、同日午前八時半、林銑十郎朝鮮軍司令官より、混成第三九旅団（平壌《へいじょう》）を奉天方面に出動させるよう準備中との報告が入った。

だが、一般に国外派兵の決定には、陸相・参謀総長のみならず内閣の承認が必要とされており、そのうえで天皇の裁可と奉勅命令の下達を必須としていた。また閣議においてそのための経費支出が認められなければならなかった。朝鮮軍の満州派遣は、国外派兵に該当した。当時朝鮮は日本領であり、満州は中国領だったからである。参謀本部作戦課も、「出動準備中なる部隊の行動発起は、閣議に於て経費支出を認めたる後、奉勅命令の伝宣となるべき」との認識だった。

そこで参謀本部は、朝鮮軍の独断的行動は妥当でないとして、部隊の行動開始を見合わせるよう指示。満州への越境派兵について至急閣議の了承をえようとした。

だが、午前一〇時から開かれた閣議では、南陸相は関東軍増援（朝鮮軍派兵）を提議できず、事態不拡大の方針が決定された。閣議において幣原外相から関東軍の計画的工作を疑わせる情報提供がなされ、陸相による事態報告に懐疑的な雰囲気となったからである。

同日午前、陸軍では杉山陸軍次官、二宮参謀次長、荒木教育総監部本部長が会同し、本事件をもって「満蒙問題解決の動機となす」との方針が合意された。

ここでいう満蒙問題の解決とは、「条約上に於ける既得権益の完全な確保」を意味し、全満州の軍事的占領におよぶものではない、とされた。この時点では、陸軍上層部は、条約上の既得権益の確保を、武力行使による満蒙問題解決の主眼としていたことがわかる。

不拡大方針

一方、午後二時から、三長官会議（南陸相、金谷参謀総長、武藤教育総監）が開かれた。そこで南から、金谷、武藤に、閣議において「時局を現在以上に拡大せしめざるよう努む」との方針が決定され、南自身それに同意したことが伝えられた。

それをうけ金谷参謀総長は、参謀本部部長会議で、「すみやかに事件を処理して、旧態に復するの必要あり」として、旧態復帰を部内に指示した。今村作戦課長は、「矢はすでに弦を放たれたるものなり」として旧態復帰反対を意見具申したが、金谷は動じなかった。そして、部内幕僚の抵抗を受けながらも、本庄関東軍司令官に対して、事件処理に関しては「必要の度を超えざる」主旨により善処するよう訓電を発した。

金谷は、南陸相とは、同郷の大分出身で親しい間柄にあり、また南と同様当時の陸軍主流である宇垣派に属し、南に協力的だった。

南陸相も同様に、「事態を拡大せざるよう極力努力する」との政府方針に留意して行動するよう、本庄司令官に訓電した。つまり、南陸相、金谷参謀総長の陸軍両首脳は、幕僚の抵抗によって電文の表現は弱くなっているものの、閣議決定に従い事態不拡大を指示したのである。

しかし、その後作戦課は、参謀総長の指示に反する内容の、「満州に於ける時局善後策」を作成し、参謀本部内の首脳会議（次長部長クラス）の承認をえた。

そこでは、軍の態勢を旧状に復帰させることは「断じて不可」であり、現状を維持すべきである。もし現状維持を内閣が認めないようなら陸相は辞職すべきで、これによって「政府の瓦解」が生じても、いささかも懸念する必要はない。また、満蒙諸懸案・中村大尉事件・満鉄爆破事件の「一併」解決（一括解決）を中国側に迫ることを、陸軍大臣は「最後の決意」をもって閣議に提起すべきだ、とされている。

このとき、少なくとも作戦課は、陸相辞任後は部内一致して後任を出すべきでないと考えており、政府が予備役将官から陸相を得ようとする時は、これを妨害し阻止すべきだとしていた（作戦課「満州事変機密作戦日誌」）。

関東軍の現状維持と満蒙問題の一併解決が認められないなら、倒閣させるとの決意だったといえる。陸相資格が現役もしくは予備役将官に限られていた当時の制度では、陸相辞任後その範囲から後任が得られなければ内閣は総辞職せざるをえなかったのである。

そして、世論操作のため新聞社首脳や在外日本人記者、通信員などの買収も検討され、その一部は実施された。さらに、事態の推移によっては、最後の手段として「国家永遠のため［陸軍による］クーデターを断行す」、との意志も示している（『満州事変作戦指導関係綴』別冊其二）。

ただ、注意を引くのは、今村ら作戦課は、方法については極めてラディカルなスタンスをとっていたが、軍の現状維持によって満蒙問題解決に着手しえた場合は、「適宜《てきぎ》軍を集結すること」すなわち旧態復帰も示唆していることである。つまり満蒙諸懸案などの一併解決以上に、全満州の占領や満蒙領有などは考えていなかったのである。ちなみに今村は一夕会に属していなかった。

翌九月二〇日午前一〇時より、杉山次官、二宮次長、荒木本部長の三官衙首脳が会合した。そこで、満蒙問題の一併解決を期し、「軍部案」に同意しない場合には、「政府が倒壊するも毫《ごう》も意とする所にあらず」との方針、および旧態復帰拒否が確認された。

また、永田ら軍事課は、先の作戦課「満州に於ける時局善後策」をもとに、次のような「時局対策」を策定、三長官会議（南陸相・金谷参謀総長・武藤教育総監）の承認をえた。

すなわち、「事態を拡大せざることに努むる廟議の決定」には反対する必要はない。しかし、それと軍の行動とは別個の問題であり、軍は任務達成のため情勢に応じ「機宜の措置」をとらしめるべきであり、「中央においてその行動を拘束せず」。満蒙問題の「根本的禍根」を除かないかぎり、軍の態勢を旧状に復することは断じて不可である。関東軍の出動は「帝国自衛権の発動」によるものであり、これを機に満蒙問題の一併解決を、「最後の決意」をもって内閣に迫るべきである、と（『満州事変作戦指導関係綴』別冊其二）。

事態不拡大の閣議決定にことさら反対する必要はないが、軍の行動はその決定に拘束されず、軍中央からは関東軍の行動を拘束しない。それが永田ら軍事課の方針だった。南・金谷も、幕僚層からの強い突き上げによって、やむなく認めたものと思われる。

九月二一日、午前一〇時から午後四時にわたって閣議が開かれた。そこで、満蒙問題の一併解決には意見一致をみたが、関東軍の態勢（現状維持か旧態復帰か）や朝鮮軍からの増兵派遣については、具体的には何ら決定しないまま散会した。

独断派兵

他方、関東軍は、柳条湖事件の翌日九月一九日、軍司令部を旅順から奉天に移した。

その日の夕方、本庄軍司令官は、参謀総長への三師団増援などの意見具申と同時に、指揮下の各部隊に次のような命令を発した。石原参謀らの起案に基づくものだった。

朝鮮軍の満州派遣に応じて、北満ハルビンや吉林への派兵準備のため、長春に兵力を集結すること。西方への遼河《りょうが》渡河点を確保するため、満鉄本線西部の新民屯、鄭家屯付近を占領すること。北西部の洮南付近を占領し、満鉄培養線の四《し》平街《へいがい》・洮南線を守備すること、などである（参謀本部「満洲事変に於ける軍の統帥（案）」）。

これら吉林、新民屯、鄭家屯、洮南はすべて、満鉄線沿線ではないが、日本側利権鉄道（満鉄培養線）沿線の重要地点だった。

占領理由は、ハルビンなど北満の中枢を制して、事態の紛糾を未然に防止する。満鉄線の掩護や既占領地域の治安維持のため、遼河の主要渡河点を確保する、などとされた。だが、石原・板垣は、当初から全満州の軍事占領を企図しており、まず、そのための日本側利権鉄道沿線の拠点確保を目ざしていたのである。

しかし、朝鮮軍派遣が軍中央によって差し止められ、翌朝、長春への兵力集結は実行されたが、新民屯や鄭家屯などの遼河渡河点および洮南の占領は中止となった。

石原・板垣らは当初から全満州の軍事占領を企図していた。だが、張学良が指揮する東北辺防軍の総兵力約四五万（正規軍二七万、非正規兵一八万）に対して関東軍の兵力は約一万であり、全満州占領には朝鮮からの兵力増援がどうしても必要だった。ただ、柳条湖事件当時、張学良は軍主力の一二万を率いて蔣介石援助のため長城以南に出動し、北平（北京）に滞在していた。

そこで、石原・板垣らは、長春東部の吉林に、謀略によって不安状態を作り出し、それを口実に吉林に派兵することで、意図的に満鉄沿線を手薄にして、朝鮮軍の越境を誘おうとした。吉林は満鉄沿線外にあった。

九月二〇日、吉林において特務機関（諜報特殊工作を担当）による破壊工作が行われ、日本人居留民会長より保護を求める出兵懇願が出された。だが実際には、石射猪太郎《いしいいたろう》吉林総領事と熙洽《きこう》吉林省政府首席代理（吉林軍参謀長）との協力により、現地の治安は保たれていた。したがって石射総領事は、居留民会長からの直接の出兵要請に応じなかった。

しかし、関東軍の参謀たちは、居留民保護のため緊急に吉林派兵の必要があるとして、出兵を本庄軍司令官に求めた。だが、本庄はこれに同意を与えなかった。吉林派兵には軍中央の許可が必要だと考えていたからである。

だが、板垣・石原らの真夜中数時間におよぶ執拗な説得を受け、午前三時、本庄はついに独断派兵を了承。第二師団に吉林への進出を命じた（片倉衷「満洲事変機密政略日誌」『現代史資料』第七巻）。

この段階で本庄も、以後石原・板垣らとともに突き進むことに意を決したといえよう。

二一日午前九時五〇分、装甲列車を先頭に第二師団主力は長春を出発。中国側からの特段の抵抗もなく、同日夕刻には、吉林に入った。満鉄沿線外には関東軍は条約上駐兵権を有さず、権限を越えた出兵だった。

朝鮮軍独断越境

この関東軍の吉林出兵に応じて、林朝鮮軍司令官は独断で混成第三九旅団に越境を命じ、午後一時、部隊は国境を越え満州に入った。天皇の許可なく軍司令官が部隊を国外に動かすことは、重大な軍令違反であり、陸軍刑法では死刑に相当するものであった。

この知らせを受けた参謀本部は、今村ら作戦課を中心に、参謀総長の単独帷幄上奏《いあくじょうそう》によって天皇から直接朝鮮軍派遣の許可（事後承認）を得る方針を決定。午後五時過ぎ、南陸相に内示の上、金谷参謀総長が参内した。朝鮮軍の満州派遣それ自体は、有事のさいの作戦計画に基づくものであり、緊急事態時のやむをえない処置だ、との見解からだった。

ところが上奏直前、参謀本部からの電話があり、派遣の許可を得る件はとりやめ、金谷は独断越境の事実のみの報告にとどめた。

この電話は、永田軍事課長および軍事課の強硬な反対によるものだった。永田らの反対理由は二つあった。第一は、「経費支出を伴う兵力の増派に関し、閣議の承認を経ることなく統帥系統のみによる帷幄上奏をなす」のは極めて「不当」である。第二は、軍務局長・軍事課長に相談なく陸相のみの了解での帷幄上奏は、「局長課長に対する不信任」を表明したに等しい、というものだった（参謀本部「朝鮮軍司令官の独断出兵と中央部の之に対して執れる処置に就て」『現代史資料』第七巻）。

この出来事は、以下の点で注意をひく。

第一の問題について、今村作戦課長は、このような参謀総長の単独上奏権があることが日本の特色だと考えていた。だが永田軍事課長は、内閣の承認なしでの統帥系統のみによる派兵は認められないとの立場だった。

これは必ずしも永田が内閣の権限をより尊重していたからではない。内閣を動かさなくては満州事変は正当性と合法性を失い、かつ経費の裏付けをうることができず、結局は失敗する可能性が高いと判断していたためだった。この場合、ことに海外派兵の経費支出には内閣の決定を必須とし、財政的裏付けなしの長期出兵は不可能だったからである。後述するように、永田は一貫して陸相をつうじて内閣を動かすこと（陸相の辞意示唆という恫喝的方法も含めて）を考えていた。作戦課の記録によれば、永田自身は、内閣と統帥部の意志が対立すれば、天皇に決裁を託することになり不適当だとの理由を述べている。だが、それは表向きの、もしくは副次的な理由であろう。

それにしても、陸相の承認をえた上での参謀総長の上奏内容が、陸軍省一課長らの意見で、しかも参内中に変更されるということは、一般的には考えられないことである。

ここには当時の陸軍中央における永田の発言力の強さがあらわれているといえよう。先にふれた、部局長会議への永田の出席や、永田の意向による今村の作戦課長就任なども、そのことを示唆している。これは、永田の軍事官僚としての能力評価によるのみならず、やはり一夕会という中堅幕僚グループの存在の影響力によるところが大きかったのではないかと考えられる。永田は一夕会の中心人物だった。

第二の点については、一般的にみれば、参謀総長と陸相の合意によって決められたことは、幕僚の賛否にかかわらず、組織としての陸軍の決定といえる。それを、永田は省部の部局長課長間での検討を必須とするとしているのである。これは、単なる実務的な観点からの要請と解釈することもできるが、それにとどまらず、陸軍首脳の行動は必ず中堅幕僚層のルートを通すべきとの主張だと考えられる。一夕会は、中堅幕僚によって陸軍上層を動かしていくべきだとの方針をもっていたが、それにそった対応だとみることができよう。

ちなみに、当時軍事課での永田課長の存在は他を圧しており、これら軍事課の動きは永田の意向でもあったと考えられる（なお、一〇月時点の軍事課員は永田課長を含め一四名で、うち九名が一夕会員だった）。また、永田は部下の起案する重要書類には自ら徹底的に手を入れており、これらの点から、先の軍事課「時局対策」のように永田の所管する部局の文書類の内容は、彼自身の意見でもあったと推定していいだろう。

なお、金谷参謀総長が帷幄上奏をとりやめ、独断越境の事実のみの報告にとどめたのは、永田ら軍事課の反対が主な理由であったが、奈良《なら》武次《たけじ》侍従武官長や鈴木貫太郎侍従長の助言にもよっていた（『侍従武官長奈良武次日記・回顧録』）。

内閣の追認

この夜（九月二一日）、翌日開催予定の閣議への対応が陸軍内で検討された。内閣や民政党は、林朝鮮軍司令官の独断越境命令を大権干犯《たいけんかんぱん》とみなしているとの情報から閣議で問題化する可能性があり、その対策が協議されたのである。そこで、今村作戦課長は、もし閣議において大権干犯とされた場合には、陸相・参謀総長ともに辞職すべきであり、その方法としては、まず総長が単独辞職すべきと主張した。これにたいして永田軍事課長は、陸相総長一体での辞職を主張。梅津参謀本部総務部長、橋本虎之助情報部長は今村の意見を支持した。

このとき今村の考えていた手順は、総長がまず単独辞職し、陸相は後任総長を推挙したあと辞表を出す、というものだった。これは、両者が辞職する場合のいわば通常の手順で、どちらかのポストにはその職にあるものが存在し、比較的穏便なものである。

他方、永田の主張する陸相総長の同時辞職は、両ポストが一挙に空席となり、政府に対してより衝撃の大きいもので、辞意の表明それ自体が内閣への強い恫喝となりえた。永田のねらいもそこにあったと思われる。

さらに、永田ら一夕会は、南陸相に後任総長を推挙させれば、金谷と同様宇垣派となる可能性が高く、それが後任陸相選任にも影響すると判断していたのではないだろうか。

翌二二日、閣議開催前に小磯軍務局長が若槻首相に、朝鮮軍の行動に関し事態の了解を求めた。ところが、意外にも若槻は、すでに出動した以上はしかたがない、として容認姿勢を示した（その理由は後述）。対策を協議した幕僚たちにとっては、思いがけないことだった。

午前の閣議でも、朝鮮軍の満州出兵に関する経費の支出を決定し、若槻首相はその結果を上奏した（参謀本部「朝鮮軍司令官の独断出兵と中央部の之に対して執れる処置に就て」）。

その後、陸相・参謀総長から朝鮮軍部隊の満州派遣追認について上奏。天皇の裁可をえた。ここに朝鮮軍の独断出兵は、事後承認によって正式の派兵とされたのである。

なお、この朝鮮軍の独断越境問題に比して、関東軍の吉林独断派兵はそれほど問題にならず、軍中央によって事後承認され政府も容認した。吉林は、関東軍が駐留権をもつ満鉄付属地の外にあり、完全な外国領土である。その意味では、そこへの派兵は、朝鮮軍の越境出兵と同様の性格をもつものだった。ただ、長春・吉林線は、いわゆる満鉄培養線で、中国国有鉄道ではあるが、満鉄の借款による日本側利権鉄道であり、出兵手続き上は一種のグレー・ゾーンにあった。

朝鮮軍の越境や、張作霖爆殺事件直前の錦州派兵問題（一九二八年）のさいには、天皇の許可に基づく奉勅命令が必要とされた。だが、吉林出兵のさいには、軍中央でも、内閣でも、奉勅命令が問題とされた形跡がない。日本側利権鉄道沿線は、この点では、満鉄沿線の延長線上にあるものと考えられていた。したがって、吉林出兵は、朝鮮軍越境出兵ほど問題にはならなかったのである。

ちなみに、張作霖爆殺事件直前に派兵が問題となった錦州は、中国国有鉄道の北京・奉天線（京奉線）上にあったが、北京・新民屯間にはイギリス資本が入っており、新民屯・奉天間は満鉄の借款線だった。したがって、北京・新民屯間にある錦州は日本側利権鉄道沿線外で、そこへの出兵は奉勅命令が必要とされていたのである。なお、新民屯は日本側利権鉄道沿線に位置し、まもなく奉勅命令なしでの出兵がなされることになる。

また、事変前に外務省・陸軍間で意見の相違が表面化した山本協約満蒙五鉄道も、この出兵慣行の問題が関係していた。満鉄の借款による日本側利権鉄道とするか（協約＝陸軍案）、中国側自弁鉄道となるかは（外務省案）、陸軍にとって出兵慣行の上から重要な意味をもっていたのである。単なる経済的利害や輸送上の便宜だけの問題ではなかったといえよう。

七課長会議の動向

さて、この間、先の七課長会議は、「関東軍の活動を有利に展開させる」方向で意識的に動いていた。岡村の日記には、

「九月二一日（月）……

一〇時半より正午まで、参謀本部に於て臨時に例の［七課長会議による］研究会を開く。磯谷、渡、重藤、東条と予［岡村］の五名にて、満蒙時局対策を立案す。現在の関東軍の活動を有利に展開せしむ策なり。

この頃予は補任課長本務は比較的閑散なるも、満蒙対策研究委員として却《かえ》って多忙なり。毎日参本［参謀本部］に出入す」（舩木『岡村寧次大将』）

とある。この日の会議には、永田・今村は出席していないが、事変勃発によって職務上きわめて多忙となったためであろう。

七課長会議は、その後も、二三、二四、二五、二六日と連日もたれている。

「九月二四日（木）……

午後六時より、東条、今村、渡、重藤、磯谷と予［岡村］とは偕行社に参集。本日満州より帰来せる建川少将より、衝突事件の真相、軍司令部内の情況を聴取し、なお対策を協議して、一〇時散会す。

九月二五日（金）

午前八時より約二時間、参本第二［情報］部長室にて、東条、今村、渡、重藤と予とにて意見具申案を完成す（満州時局に関し）。

午後三時より再び磯谷を加え五時まで議す。」

永田は、両日とも多忙のためか出席していないが、東条や岡村とは緊密に意見交換をしていたと思われ、彼らを通してその意向は反映されていたと考えられる。

不拡大方針に抗して

他方、関東軍は、朝鮮軍の独断越境の翌日（二二日）、満鉄本線西方の鄭家屯、新民屯（満鉄沿線外）を、陸軍中央の了解を得ることなく占領した。さらに二三日には、吉林東方の敦化《とんか》に、二五日には南満北西部の洮南にも派兵した（参謀本部編『満州事変作戦経過ノ概要』）。鄭家屯、新民屯、敦化、洮南ともに、満鉄そのものではないが、いわゆる満鉄培養線の沿線にあった。満鉄培養線は、形式的には中国国有だったが、実質的には借款などによる日本側利権鉄道で、運営の実権は日本側が掌握していた。

また、関東軍は、北満ハルビンにも出兵しようとした。九月二一日、ハルビンの日本領事館、朝鮮銀行などに爆弾が投げられ、市街は騒然とした状態になった。これは、関東軍の意向を受けた百武晴吉《ひゃくたけはるよし》ハルビン特務機関長や甘粕正彦《あまかすまさひこ》元憲兵大尉（大杉栄《おおすぎさかえ》殺害に関与）らの謀略によるものだった。大橋忠一《おおはしちゅういち》ハルビン総領事はこれに同調し、居留民保護のため関東軍の出兵を求めた。

二二日、本庄関東軍司令官は、軍中央にハルビン出兵の準備に入ったことを通知した。しかし、陸軍中央は、長春北部の寛城子以北には軍を進めてはならないと、ハルビン出兵を阻止した。これは内閣の事件不拡大方針をうけた南陸相や金谷参謀総長の判断によるものだった。また、南・金谷のみならず、二宮参謀次長、小磯軍務局長ら宇垣派幕僚上層、さらには今村作戦課長も、ソ連の介入を警戒し北満出兵には慎重な考えをもっていた。ハルビンは満州におけるソ連の最重要拠点で、ハルビン派兵はソ連との関係悪化が予想されたからである。この点について関東軍は、ソ連はその国内事情により、対日戦を覚悟してまで実力行使には出ないだろうと判断していた。

同日、金谷参謀総長は、ハルビン出兵の動きなどを念頭に、関東軍に「事態を静観」するよう訓令した。すでに実施された朝鮮軍の満州増派や関東軍の吉林出兵などは認めていたが、それ以外については、あらためて事態不拡大の方針を示したのである。また、二宮参謀次長は、参謀総長の指示を補足して、もし「事態を拡大する」ようなことがあれば、「従来好意を示せる世論も次第に変調をうながす結果となる」、との警告電文を発している(参謀本部「満洲事変に於ける軍の統帥」(案))。世論の動向にも気を配っていたのである。

なお、この日、南陸相も関東軍に対して、「貴軍の行動は、治安維持の範囲を逸脱せざる程度に止むるを要す」との、不拡大を指示する訓電を発しようとした。だが、今村作戦課長、東条編制動員課長、永田軍事課長らの強い抵抗をうけ、杉山陸軍次官の判断で、やむなく「貴軍の行動」を「地方行政に関して」と修正して発電した(『満州事変作戦指導関係綴』其二)。彼ら幕僚の抵抗によって、南の指示意図は、文面上きわめて曖昧なものに変質させられたといえよう。

しかし、南陸相は、その日に安藤利吉《あんどうりきち》陸軍省兵務課長を飛行機で満州に派遣し、陸相からの指示として、直接事態不拡大を関東軍に伝えさせた（参謀本部「満洲事変に於ける軍の統帥（案）」）。

にもかかわらず、翌九月二三日、杉山陸軍次官、二宮参謀次長、荒木教育総監部本部長、小磯軍務局長の会談で、関東軍の占領範囲を満鉄沿線から東西両側に大幅に拡大する案が決められた。

すなわち、西は鄭家屯から新民屯・営口に至る線を、東は吉林から海竜《かいりゅう》に至る線を確保する。さらに状況によっては、西は洮南・通遼・打虎山《だこさん》の線を、東は敦化および間島琿《かんとうこん》春《しゅん》地方を軍事占領する。そのような内容だった。

これは満鉄沿線のみならず日本側利権鉄道沿線をはるかに超える範囲だった。

だが、南陸相は閣議の不拡大方針を尊重し、これに承認を与えなかった。南陸相は、関東軍の吉林派兵のさい、閣議で吉林以外には派兵しない旨を言明しており、占領拡大案への不承認はそのことにもよっていた。

さらに南陸相は、内閣の意向を受け、杉山次官らに「全兵力を［満鉄］付属地内に入れる」方針を示した。金谷参謀総長は、二三日には、なぜか（おそらく陸軍サイドの一応の原案として）一旦《いったん》占領拡大案に同意していた。だが南陸相の説得をうけ、翌二四日、今村作戦課長や建川作戦部長らの強硬な反対にもかかわらず、「満鉄の外側占領地点より部隊を引揚ぐべきこと」を命じた。

そして同日、二宮参謀次長から関東軍に、吉林を除いて、鄭家屯・新民屯・敦化・洮南などから撤退し、軍の主力を満鉄沿線外から沿線内に引き揚げよ、との指示がなされた。

だが、関東軍はこの指示に従わず、「中央当局の消極退嬰《たいえい》に落胆憂慮し……素志《そし》に向かい邁進《まいしん》するの決意を固くせり」として、部隊配置の変更を行わなかった（参謀本部「満洲事変に於ける軍の統帥」（案））。この時点での占領態勢を維持しようとしたのである。

一方、九月二二日、若槻首相は、ハルビン・間島は、居留民の現地保護を行わず、危急の場合は居留民を引き揚げさせる方針を奏上した。

ここに間島が言及されているのは、そこでもまた不穏な情勢が伝えられていたからである。朝鮮国境に近い間島への出兵を意図する朝鮮軍の謀略によるものだった。なお永田ら軍事課も、間島への派兵を主張したが（『満州事変作戦指導関係綴』別冊其二）、首脳部の指示により実行されなかった。

これをうけ、二四日には、金谷参謀総長が関東軍に、ハルビン出兵は事態急変の場合でも行わないよう指示した。また、二宮参謀次長からも、政府は緊急の場合、居留民引き揚げで対処する方針であり、その措置に任せることとなったとの補足電が出された。

なお、この日（二四日）、内閣から、居留民の安全が確認されれば満鉄付属地内に撤退するとの、「満州事変に関する第一次声明」が発表された。

二六日には、金谷参謀総長によって、吉林からの撤退指示も出された。建川作戦部長らの反対を押し切ってのことであった。

ただ、南陸相や金谷参謀総長は宇垣派で、内閣の決定を尊重する意向であったが、両者の不拡大のスタンスは、必ずしも明確な政策的信念に基づくものではなかった。したがって、内閣と中央幕僚のあいだに挟まれて「サンドウイッチ」の状態にあるとの意識をともなっており、不安定なものだった。

しかも、これらの撤兵指示は、現地ではうやむやのまま実施が引き延ばされた。

二八日、関東軍より再び北満ハルビン出兵の打診があったが陸軍中央は了承しなかった。

3　満州統治をめぐる対立──独立自治政権か独立国家か

関東軍の「満蒙問題解決策案」

九月二六日の閣議で、若槻首相は満州での新政権樹立には一切関与してはならない旨を述べ、南陸相も了承した。

それをうけ金谷参謀総長は、各部長に「この種［新政権樹立］の運動には一切関与すべからざる」よう指示した。また南陸相からも関東軍に、新政権樹立の運動に関与することは「厳にこれを禁止す」との電報が発せられた。

これは、関東軍による新政権樹立工作を阻止しようとするものだった。

関東軍は、九月二二日、中国主権下での独立新政権樹立を含む「満蒙問題解決策案」を策定し、それに向けすでに動きはじめていた。

当初、石原・板垣らは「満蒙領有」を計画していた。だが、来満した建川作戦部長との会談で、石原らの満蒙領有論と、建川の独立新政権論とが対立した。

柳条湖事件の翌日九月一九日深夜、建川作戦部長と石原・板垣参謀との会談がおこなわれた。そこで、石原・板垣の満蒙領有論に対して、建川は中国主権下での独立新政権論を主張し、激論となった。翌二〇日、建川は、独立政権樹立が日本の国策である旨を、本庄軍司令官らに重ねて主張した。

また、石原らは当初から全満州の武力制圧を考えていたが、建川は対ソ考慮から北満への派兵にも反対した。ただ、チチハル（北満）は、日本側利権鉄道近辺という理由で、部隊派遣への容認姿勢を示したが、できれば洮南北方の洮児河を越えない方がいいとの意見だった（片倉「満洲事変機密政略日誌」）。

二二日、これらをうけ、関東軍は「実質的に効果を収むる」ことを主眼に、一応、独立政権樹立を内容とする「満蒙問題解決策案」を策定し、軍中央にも伝えた。

この「満蒙問題解決策案」は、遼寧省、吉林省、黒竜江省の東三省（全満州）のみならず熱河《ねっか》省（東部内蒙古）もふくめた領域を対象に、独立新政権を樹立することを内容としていた。この親日的新政権は宣統帝溥儀《せんとうていふぎ》を頭首とするが、「支那政権」と表現され、中国主権を前提とするものだった。しかし、国防外交・交通通信などは日本が掌握し、その経費は新政権が負担することとなっていた。新政権の構成は、熙洽（吉林）、張海鵬《ちょうかいほう》（洮索）、湯玉麟《とうぎょくりん》（熱河）、張景恵《ちょうけいけい》（ハルビン）などによることが想定され、このうち主要メンバーが後の満州国政府でも要職につく。

同日、関東軍は天津の香椎浩平《かしいこうへい》支那駐屯軍司令官に、宣統帝らを保護下に置くよう通告。板垣は奉天の張景恵邸を訪問し彼をハルビンに帰任させた。また吉林の熙洽にも関係者に連絡に向かわせ、二五日には、洮南の張海鵬にも同

溥儀

汪兆銘

様の処置をとった（片倉「満洲事変機密政略日誌」）。

二六日、南陸相から、新政権樹立の運動に関与することは禁止するとの訓電が到着したが、石原・板垣らはこれを無視して、新政権樹立の工作を進めた。

「満州事変解決に関する方針」

一方、陸軍中央では、九月二五日、永田ら七課長会議が、南陸相や金谷参謀総長の指示に反して、満蒙新政権の樹立をふくむ「時局対策案」を起案。また、その実行のため根本支那班長らを満州に派遣することを提議した。だが、金谷参謀総長はこれに激怒し、ただちに派遣を中止させた。

しかし、七課長会議は、「時局対策案」の方向でさらに検討を続け、三〇日、「満州事変解決に関する方針」として成案となる。

それは、「満蒙を支那本部より政治的に分離せしむるため、独立政権を設定」する。それとともに、「帝国は裏面的にこの政権を指導操縦」して「懸案の根本的解決」を図る、との方策を主眼とするものだった。親日的な独立新政権を樹立し、それを裏側から操作することによって、満蒙問題を解決しようというのである。したがって、張学良や南京国民政府との交渉は行わないとしていた。また「既存条約の実行」に止まらず、「満蒙において帝国の政治的経済的地位を確立する」ことが目標とされた。

永田ら七課長会議は、九月一九日、次官次長本部長会談での、事変を契機として「条約上の既得権益」を確保するとの合意から、大きく踏み出すことを明確に示したのである。

この方針案で、そのほかに注意をひくのは、独立政権樹立によって中国本土政権との間に相当長期にわたる紛争継続を予期せざるをえない。したがって両者の関係改善のため次のような方策が必要だ、としていることである。

その第一は、華北における張学良の勢力を一掃する必要があり、そのため華北の反蔣介石勢力や旧北洋軍閥勢力を利用すること。第二は、事変前に汪兆銘ら国民党反蔣派が樹立した広東臨時政府（後述）を支持し、蔣介石らの南京政府の瓦解を策すること。第三に、華北および華中に日本の好意的支持による政権を樹《た》て、満蒙新政権に対する抗争的態度を緩和すること、などだった。

このことは、永田ら七課長会議が、満蒙新政権と蔣介石国民政府とは共存困難と判断していることを意味し、軽視しえない点である。ちなみに、永田は、中国での「排日侮日《はいにちぶにち》」は、国民政府の「革命外交」によるものとの認識だった

なお方針案では、アメリカや国際連盟からの干渉は「排撃」する決意であるが、干渉は外交的なレベルを超えることはないだろうとの見方をとっていた。

南陸相や金谷参謀総長による新政権運動への不関与の指示にもかかわらず、七課長会議は、新政権樹立の方向を強引に推し進めていたのである。七課長会議のこのような動きの背景には一夕会系中堅幕僚グループの意向があったことは容易に想像できよう。

新国家樹立への布石

ところで、板垣高級参謀は、九月二〇日、永田軍事課長に、「千載一遇の好機」に乗じ、満蒙問題解決のため「満蒙の天地に新国家を建設」すべきだと打電していた（参謀本部「満洲事変に於ける軍の統帥（案）」）。この時点で、石原・板垣らは満蒙領有を断念し、独立国家建設に方向転換したものと思われる。

実際に、建川離満（九月二二日）後、まもなく、関東軍はあらためて独立国家樹立の方向に進んでいくことになる。一〇月二日、石原・板垣・土肥原・片倉らは、満蒙を「独立国」として、これを「我が保護」の下に置くとの「満蒙問題解決案」を作成。この独立国家方針が政府に受け入れられない場合は、「一時日本の国籍を離脱して目的達成に突進する」ことを申し合わせた（片倉「満洲事変機密政略日誌」）。もちろん、これは軍中央には知らされなかった。

なお、関東軍の国籍離脱方針について、永田も事前には知らされていなかったようで、そのことを知った永田はそのような方向には反対している。ただし、石原・板垣らがどこまで本気だったかは疑問なしとしない。のちに、その情報をえた軍中央からの問い合わせに対しては、国籍離脱方針の存在を否定し、逆に「無根の噂」だとして激怒してみせている（『西浦進氏談話速記録』、作戦課「満州事変機密作戦日誌」）。

その後、石原・板垣らは、一方で、一〇月四日、張学良政権否認・新政権歓迎の関東軍声明を発表、八日、錦州爆撃を実行した。

他方、新政権樹立の工作を続けながら、並行して独立国家建設の準備を進めた。一〇月一〇日、関東軍国際法顧問松木《まつき》俠《たもつ》は、石原らから新国家建設案作成の指示を受け、同二一日、「満蒙共和国統治大綱案」を起草した。その後石原らとの議論を重ね、一一月七日には、のちの満州国建国の骨格となる「満蒙自由国設立案大綱」を作り上げることになる（片倉「満州事変機密政略日誌」）。

第3章　満州事変をめぐる陸軍と内閣の暗闘

朝鮮と満州の国境・鴨緑江にかかる満鉄の鉄橋。朝鮮の日本軍はこの国境を独断で越えた。(『満州古写真帖戦記シリーズ第67号』別冊歴史読本第91号、2004年、新人物往来社)

1　朝鮮軍独断越境と若槻内閣

若槻内閣の対応

　では、このような関東軍や陸軍中央の動きに対して、当時の内閣（若槻民政党内閣）はどのように対処したのだろうか。次にその面をみておこう。

　柳条湖事件の翌日九月一九日、東京・永田町の首相官邸で、午前一〇時から臨時閣議が召集された。若槻礼次郎首相（民政党総裁）は、閣議開催前、南次郎陸相より電話で事変勃発の連絡をうけた。また幣原喜重郎外相から外務省各種着電について首相官邸で直接報告を聞いた（若槻礼次郎『明治・大正・昭和政界秘史』）。南陸相の電話では中国側からの攻撃によるとのことだったが、外務省側着電は、事件が関東軍の謀略であることを強く疑わせるものだった。

　そのことを念頭に、閣議直前、若槻首相は南陸相に、関東軍の今回の行動は「自衛のため」にとった行動と信じていいかと念を押している。それに対して南陸相は、「もとより然り」と答えた。

　首相官邸において閣議が開催されると、まず、南陸相から事変の状況説明があり、続いて幣原外相から外務省側の各種情報が口頭で示された。その情報のなかには、満州撫順《ぶじゅん》守備隊が事件四日前に満鉄に対して一八日の列車準備を請求していたこと。関東軍司令部が一八日夜半事件前に出動準備を行っていたこと、などが含まれていた。また、林久治郎奉天総領事からの、「今次の事件は全く軍部の計画的行動に出でたるものと想像せらる」、との電文（『日本外交文書・満州事変』）も口頭報告された。

このような幣原外相による情報提示によって、閣議の雰囲気は陸軍の状況説明に懐疑的となり、南陸相は満州への朝鮮軍増援を提議できなかった。こうして閣議は、「事態を現在程度以上に拡大せしめざる」方針、事態不拡大の方針を決定した（作戦課「満州事変機密作戦日誌」）。

また、元老西園寺公望の側近（秘書）原田《はらだ》熊雄《くまお》の口述筆記（日記）によると、若槻首相は原田に閣議の様子を次のように話している。

若槻礼次郎

幣原喜重郎

若槻は、まず南陸相に、事件の原因は、中国兵が鉄道レールを破壊し、それを防ごうとした日本側守備兵への攻撃に対する「正当防禦」なのか、と問いただした。もしそうではなく、「日本軍の陰謀的行為」だとすれば、世界に対する日本の立場は困難になる、と。

若槻はこのように指摘しておいて、南陸相へのそれ以上の追及をひかえ、そして、このような「不幸なる出来事」は遺憾なことであるが、偶然に起こったことならやむをえない。このうえは事件を「拡大しないよう努力したい」。すぐに関東軍司令官にも拡大しないよう訓令しよう。こう続けた。南はそれに異論を差し挟めなかった。

だが閣議中も、関東軍による奉天占領などの報告がその場に届いた。

さらに若槻は、南陸相に国際関係への配慮を注意するとともに、安保清種《あぼきよかず》海相に中国各地の日本人居留民保護の準備状況をただした。安保は、海軍陸戦隊一五〇〇名を佐世保《させぼ》に用意させている旨を答えている（原田『西園寺公と政局』）。

この日の閣議は概略このようなものだった。

こうして若槻内閣は、事態不拡大の方針を決定したのである。

閣議終了後、その日の午後一時半、若槻首相は参内し、内閣の不拡大方針を天皇に奏上した。その時若槻は、軍の出動範囲の拡大については、閣議をへたうえで裁可を願う旨を言上している（河井弥八『昭和初期の天皇と宮中』）。つまり閣議承認のない軍の拡大行動は裁可しないよう、暗に上申したのである。

ちなみに、この日の閣議前、南陸相は参内し、朝鮮軍の満州への出動準備を停止させたことを奏上していた。若槻は、関東軍の動きのみならず、この朝鮮軍の動向も念頭においていたと考えられる。

陸軍では、午後、三長官会議が開かれた。そこで南陸相は、金谷参謀総長、武藤教育総監に、閣議において事態不拡大の方針が決定され、南自身それに同意したことを伝えた。

この閣議決定をうけ、南陸相、金谷参謀総長の陸軍両首脳は、事態不拡大を本庄関東軍司令官に指示した。

宮中工作の不調

その日の夕方、若槻首相は急遽原田を永田町の首相官邸に招いた。

若槻の話の要点は次のようなものだった。

南陸相から、関東軍増援のため朝鮮軍を満州に派遣する意向が示され、また、すでに増援部隊が満州へ向けて出動したことを聞かされた。自分は「政府の命令なしに、朝鮮から兵を出すのはけしからん」と難詰した。だが南によれば、部隊の大部分は鴨緑江《おうりょくこう》(国境線)近くの朝鮮領内に止めてあるが、「一部すでに渡ってしまったものはやむを得ない」とのことだった。「陛下の軍隊が御裁可なしに出動する」ようでは、「自分の力では軍隊を抑えることはできない」。こう若槻は原田に苦境に陥っている状況を伝えた。

原田熊雄

木戸幸一

閑院宮載仁親王

そして原田は、若槻から「なんとかならないか」との相談を受け、暗に元老西園寺やその影響下にある宮中重臣らの支援を要請された（原田『西園寺公と政局』）。

若槻は、陸軍の動きを抑えるため、原田に宮中工作を依頼したのである。

当時、一般に部隊の作戦行動に関する指揮・命令は参謀総長の権限のもとにあり、参謀総長は天皇に直属していた。陸相は内閣の一員として、一応首相の統率下にあったが、参謀総長には首相のコントロールは及ばなかったのである。しかも、朝鮮軍司令官も制度的には天皇に直属するかたちになっていた。

そこで若槻首相は、元老や宮中重臣による天皇への働きかけによって、何らかのかたちで朝鮮軍の行動を阻止しようとしたと考えられる。満州での事態が関東軍の計画的行動である可能性が高い、との報告を幣原外相から受けていた若槻は、朝鮮軍、関東軍によるさらなる事態拡大を強く危惧していたのである。

ちなみに、朝鮮軍増援部隊は、参謀本部の指示によって、朝鮮側国境の新義州《しんぎしゅう》で停止していた。ただ、一個大隊ほどが状況偵察のため境界を越えており、また飛行隊二中隊がすでに満州に向け発進していた。

原田はただちに一木宮内大臣、鈴木侍従長、木戸（幸一）内大臣秘書官長に連絡を取り、その夜八時半から四人で会合を開いた。当時、元老西園寺は京都に滞在していたからである。

その席で原田は、若槻首相との会談内容を報告し、「出先軍部」が閣議決定の不拡大方針に従わず、そのことで若槻が苦境にあることを話した。そして「軍部統制の良策」はないかと三人に相談した。それに対して、陸軍長老皇族の閑院《かんいんの》宮載仁《みやことひと》親王（軍事参議官）の協力を仰いではどうか、元老の上京を求めてはどうか、などの意見がだされた。

だが木戸は、「この難局に際し、首相がこれが解決につき、いわゆる他力本願なるは面白からず」と発言し、一木、鈴木も同様の感触を示した。さらに鈴木や木戸は、内閣は何度でも閣議を開き、閣僚の結束を固め確固たる決心を示せば、軍部を抑えることができるのではないか、との意見だった。つまり若槻の協力要請に消極的な姿勢をみせたのである。

翌朝（二〇日）、原田は若槻首相を訪ね、侍従長など宮中側近の意向として、閣議をもって陸軍を抑えていくほか道はなく、連日閣議を開いてはどうか、との趣旨を伝えた（原田『西園寺公と政局』）。

若槻は落胆したであろう。

実際上、当時内閣のみで関東軍や朝鮮軍の行動を阻止することは、この段階では極めて困難だった。制度的には、出動した出先軍隊を内閣が直接抑える方法がなかったからである。考えられる方策としては、陸軍の人事権を掌握する陸相によって、軍司令官、関係幕僚を更迭することがありえた。だが、それを南陸相に強要することは、後述するような理由で、事実上不可能だった（なお、出兵費支出を内閣が拒否することはできたが、それは出兵後の処理に属する問題だった）。

天皇の内意

翌二一日、午前一〇時から閣議が開かれた。

そこで、まず、関東軍が、治安維持に必要な行動以外に、軍政の実施や関税・銀行の差し押さえなどを行うことを禁止する決定がなされた。

つぎに、満蒙問題の「一併解決」が必要であることには意見の一致をみた。

だが、今後の関東軍の態勢については、現状維持と旧態復帰がそれぞれ約半数だった。

南陸相らは、現在の占拠状態のまま中国と交渉すべきとしたのに対し、幣原外相らは、占拠を解いて交渉に移るべきだと主張したのである。結局、若槻首相は、決定を今後のこととした。

また、この日午前、関東軍は吉林派兵を開始し、閣議でも問題となった。閣僚全員が派兵に反対したが、南陸相は、当地の情況不穏などから派兵の必要を強調するとともに、「吉林以外には兵を派遣せず」と言明して、ようやく了解をえた。

さらに、南陸相より満州への朝鮮軍増援の提議があり、閣内で激論となった。

若槻首相は、不拡大方針にもかかわらず関東軍が長春・吉林にも出兵したことを非難したが、朝鮮軍からの増援の必要は認めた。しかし、他の閣僚はすべて不要とする意見であった。国際連盟で問題とされる可能性があること、関東軍の旧態復帰の際に困難を引き起こすこと、などの理由からだった。

だが、この朝鮮軍増派問題の議論継続中、午後三時半頃、朝鮮軍より越境開始の参謀総長宛電文が到着し、ただちに陸相より閣議に報告された。

林朝鮮軍司令官の命令による独断越境だった。

この事態の急転を受け、閣議はこの問題について具体的には何ら決定しないまま、午後四時散会した（作戦課「満州事変機密作戦日誌」）。

この朝鮮軍の独断越境について、幣原は次のように回想している。

「元来国外に兵を動かすことはことすこぶる重大で、あらかじめ陛下の御裁可を必要とすることである。この手続きを経ないで、政府の全く与り知らぬうちに勝手に出動したのだから、これが大問題となった。閣議の席上、若槻首相を始め、井上準之助（蔵相）なども、非常に憤慨していた」（幣原喜重郎『外交五十年』）

その夜（二一日）、杉山陸軍次官が若槻首相を訪ね、朝鮮軍の独断越境を明日の閣議で承認する旨を、今晩中に天皇に奏上してほしいと依頼した。だが若槻は、これを断った。この若槻の対応などから、陸軍内では、朝鮮軍の独断越境の閣議承認は困難との見方が有力となり、陸相・総長の辞職が議論された。

翌二二日午前九時半、若槻首相は参内し、前日の閣議内容を上奏した。

そのさい、天皇より、

「事態を拡大せぬという政府の決定した方針は、自分もしごく妥当と思うから、その趣旨を徹底するように努力せよ。」（原田『西園寺公と政局』。原田の記述では二三日とあるが、

二二日の誤り）

との発言がなされた。

若槻は、その直後、宮中で金谷参謀総長に会ったさい、この天皇の発言内容を、金谷に直接話している。あとでふれるように、これは若槻のような正統派の政党政治家にとっては異例のことだった。

この時金谷は、朝鮮軍司令官による独断派兵について、「閣議の決定を経なければ「天皇の」御裁可を仰げない」から、閣議の決定を経たというかたちをとり、それを上奏してもらいたい、と若槻に依頼した。だが、若槻はこれを断り、首相官邸での閣議に向かった。

ところで、この二二日の若槻首相への天皇発言には、実は軽視しえない伏線があった。この前日、牧野内大臣は、天皇から、事変不拡大の「閣議の趣《おもむき》は適当」であるから、その方針貫徹のため「一層努力する」よう、首相に直接伝えたい、との内意を聞かされていた。その際、天皇は軍紀維持について、閑院宮に自分の意見を知らせたいとの意向も示している（『牧野伸顕日記』）。これは、一九日夜の原田や一木宮内大臣、鈴木侍従長らの会談で出された案だった。それが、ここで天皇の意向として現れているのである。

また、同日（二一日）、牧野内大臣、鈴木侍従長は、元老西園寺の上京を希望していることを、原田に伝えている（『木戸幸一日記』）。これも一九日夜の案の一つである。

一九日夜、一木宮内大臣や鈴木侍従長は、「総理があまりに他力本願であることは面白くない」と冷淡な姿勢をみせていた。だが、実際は内閣をバックアップすべく動いていたと思われる。当夜、すくなくとも鈴木侍従長は、「御裁可なしに軍隊を動かすことはけしからん」、と怒っていたのである（原田『西園寺公と政局』）。

また、二二日、天皇は、自分の発言を陸軍大臣にも伝えるよう、若槻首相に指示している（河井『昭和初期の天皇と宮中』）。さらに同日、奈良侍従武官長に、満州での「行動を拡大せざるよう」参謀総長に注意しておいたか、と質《ただ》している（『侍従武官長奈良武次日記・回顧録』）。不拡大の閣議方針を徹底すべきとの自分の意志を、陸相・参謀総長両者に伝えようとしているのである。

これらの動向からして、二二日の若槻首相への天皇発言は、「軍部統制の良策」について原田から相談を受けた宮中側近のいずれかのラインから、何らかの働きかけを受けた可能性が十分考えられる。

ただし、一九日夜の会談出席者のうち、木戸内大臣秘書官長は、二二日の首相への天皇発言について、その当日、「側近者の入れ知恵と見て軍部は憤慨し居れりとの情報あり」

とし、今後そのような天皇発言は望ましくないとの立場だった。したがってまた、「軍部に反感を有せりと目せらるる元老の上京は、かえって軍部を硬化せしむる」として、西園寺の上京についても批判的な見解を示している（『木戸幸一日記』）。要するに、宮中からの内閣へのバックアップについて、木戸は一貫して消極的だった。それにしても木戸の軍部情報入手の早さには、興味を引かれる。

木戸ら宮中重臣の一部は、このような陸軍への気遣いから、宮中から陸軍に抑制的に働きかけることを警戒する姿勢をとっていた。西園寺もまた自身の上京については慎重で、若槻首相や牧野内大臣、鈴木侍従長らの度重《たびかさ》なる要請にもかかわらず、一一月一日まで上京しなかった。木戸とほぼ同様の判断だったと思われる。

事変前、西園寺は、「軍紀維持」については「首相は立場上あまり有力ならざるべく、軍務当局を直接相手にすること必要なるべし」、と牧野に注意している（『牧野伸顕日記』）。軍の統帥については、政治機構上首相の権限が及ばないことを指摘しているのである。したがって、陸軍をコントロールするには、西園寺自身を含めた宮中からの助力を必要とすることは十分承知していた。

しかも、朝鮮軍の満州派遣が問題となった九月二〇日には、「御裁可なしに軍隊を動かしたことについて……陛下はこれをお許しになることは断じてならん」（原田『西園寺公と政局』)、と陸軍に対して強硬な姿勢を示していた。その西園寺が、首相や内大臣、侍従長などの懇願にもかかわらず、一ヵ月以上、動かなかったのである。そこには西園寺特有のスタンスが表れているといえよう。

ターニング・ポイント

さて、二二日の閣議開始前、小磯軍務局長は、若槻首相に、あらためて朝鮮軍の行動に関し事態の了解を求めた。この時、若槻は

「既に出動せる以上致し方なきにあらずや」

として容認姿勢を示した(作戦課「朝鮮軍司令官の独断出兵と中央部の之に対して執れる処置に就て」)。

午前の閣議で、若槻首相は、前述の天皇の言葉を、南陸相を含む全閣僚に伝えた。

また、朝鮮軍の独断出兵の処理が問題となったが、この時、出兵に異論を唱える閣僚はなく、また賛成の意思表示もなかった。そして、

「一、既に出動せるものなるをもって、閣僚全員その事実を認む
二、右事実を認めたる以上、これに要する経費を支出す」

との決定をおこない、若槻首相はその結果を奏上した（原田『西園寺公と政局』、作戦課「朝鮮軍司令官の独断出兵と中央部の之に対して執れる処置に就て」）。

その後、陸相・参謀総長から朝鮮軍部隊の満州派遣追認について上奏、天皇の裁可をえた。ここに朝鮮軍の独断出兵は、事後承認によって正式の派兵とされたのである。

一般に、この二二日閣議での若槻および閣僚の姿勢が、満州事変の一つの重要なターニング・ポイントになったとされている。なぜなら、この決定は朝鮮軍の独断出兵という重大な軍事行動の拡大を、内閣として事実上承認したことを意味するものであったからである。

もしこの時、内閣が朝鮮軍の満州派遣を黙認しなければ、天皇の裁可をえられず、その結果、派遣部隊は朝鮮に撤兵せざるをえなかったかもしれない。その場合は、満州事変は、その後の実際の展開とは別の経過をたどった可能性はありえた。前述のように、南陸相も金谷参謀総長も、朝鮮軍の満州派遣には、事後であれ天皇の裁可が必要だと考えていたからである。

また、内閣が出兵経費の支出を認めていなければ、派遣部隊のその後の軍事活動は事実上困難となっていただろう。本庄関東軍司令官は、参謀総長への朝鮮軍派遣要請の際、その経費は満州で負担できるとしていた。だが、やはり政府支出による財政上の裏付けがなければ、関東軍を含めた長期の作戦行動には物資補給などの面で堪えられなかったと思われる。経費支出の諾否は、内閣が陸軍の行動を事実上規制できる重要な方法の一つだったのである。

では、若槻首相は、朝鮮軍の満州派遣経費をなぜ認めたのだろうか。若槻自身は、戦後の回想で、この時の判断について、次のように述べている。

「出兵しないうちならとにかく、出兵した後にその経費を出さなければ、兵は一日も存在できない、……これを引き揚げるとすれば、一個師団ぐらいの兵力で、満州軍が非常な冒険をしているので、絶滅されるようなことになるかもしれん。……日本の居留民たちまで、ひどい目に遭うに違いない」（若槻『明治・大正・昭和政界秘史』）

そう考え、経費支出を認めた、と。

これは理由の一面であろう。

若槻側からみれば、朝鮮軍の独断越境を認めず派遣経費の支出を拒否すれば、南陸相が辞職する可能性があった。前述のように、陸軍中央は、陸軍省・参謀本部とも、首脳部・幕僚一致して、朝鮮軍派遣と経費支出の閣議承認を求めており、承認が得られなければ、陸相・参謀総長の辞職が合意されていたからである。

若槻もそのような陸軍内の状況は概略承知していたと思われる。また、若槻は、かねてから南陸相の辞意表明を懸念し、慎重に配慮していた。

もし、南陸相が辞任した場合、後任陸相が得られなければ若槻内閣は総辞職となる。陸軍中央は、政党内閣に比較的協力的な宇垣派の将官もふくめ、一致して朝鮮軍派遣の承認を求めており、後任陸相を現役将官から得ることは困難が予想された。

したがって、この場合、当時の軍部大臣武官制のもとでは、予備役もしくは後備役から求めざるを得ないことになりかねなかった。だが、その予後備役からの陸相任命も、先にみたように、幕僚レベルでは、すでにその場合を予想して、徹底して妨害するつもりだった。幕僚上層も、軍部案に同意しない場合は、「政府が倒壊するも毫《ごう》も意とする所にあらず」、との意見で一致していた。

陸軍の雰囲気からして、若槻もその程度のことは予想できたであろう。つまり、内閣総辞職に追いこまれる可能性が高かったのである（なお、南陸相と井上蔵相とは同郷大分の出身で比較的親しく、井上もそのような雰囲気は感じていたと思われる)。

若槻は、事変勃発直後のこの緊急事態の渦中で総辞職するつもりは全くなかった。政権瓦解によって事態が拡大していけば、浜口・若槻と続いた民政党内閣の外交政策を根本的に破壊することとなりかねなかったからである(この頃野党政友会は、関東軍の動きに同調的だった)。若槻の意識では、そのような事態は、日本が国際社会で極めて困難な状況に陥ることを意味した。

このように若槻首相は、増派問題は陸相辞任から内閣総辞職という重大な事態に至る可能性があると判断していたと思われる。したがって若槻は、内閣総辞職を回避するため、朝鮮軍の満州派兵と経費支出を認めたと推定される。二二日午前の閣議で、南陸相による満州への朝鮮軍の増援提議(独断越境前)に対して、その必要を閣内でただ一人認めたのも、同様な理由によるものと考えられる。

また、そのことによって、基本的には事態不拡大のラインで関東軍に対処しようと努めている、南陸相の陸軍内での影響力保持に協力し、南との信頼関係を再構築することを意図したのである。さらに南陸相との関係は、南と連携する金谷参謀総長の動向にも、少なからぬ影響をもっていた。若槻は、朝鮮軍増派をひとまず追認することによって、いわば戦線の立て直しをはかったといえよう。

これらのことは、幣原外相や井上蔵相ら閣僚も承知していたであろう。少なくとも幣原、井上は、若槻の立場を十分理解していたと思われる。したがって両者とも、当時もその後も、二一日、二二日の若槻の行動を非難していない。二二日には、若槻の暗黙の方針のもと、独断越境に異論をとなえず、経費支出にも同意している。

ちなみに、幣原は戦後の回想で、二二日の閣議について、

「越境問題はこれで済んだ。出動した軍隊を引返させるという議論もあったが、それにはまた面倒がある。もう出来たことはしょうがないというわけであった」（幣原『外交五十年』）

と記している。

また、若槻にとっても、幣原や井上がそれぞれの立場から、二一日のように、陸軍の行動について厳しい姿勢をとり続けていることは、事態のこれ以上の拡大を防ぎ、陸軍をコントロールする上からも必要なことだった。首相として、彼らと南陸相との間を調停するかたちで、事態を少しでも自分の考えに近い方向に進めていけたからである。

このように、内閣は朝鮮軍の満州派兵を事実上事後承認し、経費支出を決定した。

だが、そのうえでなお幣原外相は、閣議において、関東軍の現状維持を主張する南陸相に対して、「旧態に復せざるを得ざるに至るべし」と反論していた（作戦課「満州事変機密作戦日誌」）。若槻や幣原は、経費支出は一応認めたが、なお陸軍を抑制して撤兵を実現しようと、宮中重臣らから十分なバックアップがえられない見通しのなかで懸命の努力をつづける。

2　内閣・陸軍首脳部関係の安定化と国際環境

若槻内閣のまき返し

それにしても、二二日の、天皇による内閣の不拡大方針支持の発言と、それが陸相および参謀総長に公式のルートで伝えられたことは、若槻内閣にとって軽視しえない意味をもっていた。少なくとも陸相と参謀総長にとって、天皇の発言は、それなりに尊重せざるを得ないものであったからである。若槻の宮中工作の意図は果たされたといえよう。

この段階で、若槻らは、朝鮮軍の満州派兵を承認せざるをえなかったが、そのことによって、南陸相・金谷参謀総長との関係を、ある程度安定化させることができた。また、宮中への政治工作が功を奏し、天皇の不拡大方針支持の意向が陸相・参謀総長に伝えられた。そのことによって、陸軍省・参謀本部を不拡大の方向に動かし、軍をコントロールしていく可能性の糸口をつかむことができるのではないか、若槻はそう考えたであろう。これらはまた若槻の意図したところでもあった。

若槻内閣は、柳条湖事件とその後の関東軍・朝鮮軍の行動で不意打ちを受けたかたちになった。若槻らは、出先軍隊の暴走と陸軍中央の内部統制の動揺という、政党内閣始まって以来の重大な危機に直面して、態勢を立て直すべく様々な方策を模索し努力を重ねてきた。それが、この時点で、ひとまず事態に対処していく見通しをえたのである。若槻の望んだように、何とか戦線を立て直すことができたといえよう。

ちなみに、河井《かわい》弥八《やはち》侍従次長は、二二日の日記に次のように記している。

「九時三十分、首相、御召により拝謁《はいえつ》す。陛下には、満州事件の範囲の拡大を努めて防止すべしとの閣議の方針を貫徹するよう努力すべき旨を、懇諭《こんゆ》せらる。なお、陸軍大臣にも伝うべき旨を以てせらる。首相感激、拝辞す。

夕刻に至り、閣議の結果を聴くに、すこぶる好果を収めしがごとく、軍部も大に緩和の兆《きざし》ありと云う」（河井『昭和初期の天皇と宮中』）

戦前の天皇について、制度的には軍を統帥する地位にあったが、実際上はシンボリックなもので、陸軍首脳に対しても、ほとんど権威をもたなかったとの見方が一部にある。だが、陸軍の統帥上の独立性が、天皇の統治大権に拠っている以上、その発言には、それなりの影響力があったといえる。

ただ、この時の発言は、後述するように、約一週間後（一〇月はじめ）には事実上無視されてしまうことになる。

戦前・戦中を体験された方々の間には、天皇が最高の統治権者として、実際上も大きな権力と権威をもっていたのではないかとの理解もあるが、それも正確でないといえよう。

束の間の静穏

ところで、若槻は、天皇の内閣不拡大方針支持の発言を、陸相ほか閣僚のみならず、参謀総長にも話している。これは、天皇の非政治化を推し進めてきた政党政治の原則からの逸脱といえる。原敬や浜口雄幸などの代表的な政党政治家は、議会制的政治システムを確立するため、「皇室は政事に直接御関係なく、慈善恩賞等の府たること」（原）、「いかなる御下問を蒙り、いかなる御諚《ごじょう》を賜ったかということは、たとえ親子兄弟の間といえども硬く漏らすことを慎むべき」（浜口）、などとしていた（『原敬日記』『濱口雄幸日記・随感録』）。天皇の政治利用をできるだけ排除しようとしてきたのである。

この点は若槻の政治的弱さのようにもみえる。だが、この時と原や浜口の時代とは状況が異なり、いわば政党政治の危機といえる事態に立ち至っていた。当時の制度下では、他に緊急対応の方法をみいだすことは極めて困難だったといえる。若槻の対応は、やむをえない面があったのではないだろうか。

また原田の記録によれば、若槻は原田との会見で、「弱った」「困った」を連発している。この点も若槻の弱さの表れとされてきた。これは半分は本音であろうが、半分は、危機的な緊急事態のなかで、宮中からの協力を引き出すためではなかっただろうか。

若槻は、過去に蔵相、内相、首相と長く国政の要職を務めてきた、一面老獪《ろうかい》な政治家であり、また、ロンドン海軍軍縮会議でみせた柔軟な強靭さもあわせもっていた。

さて、二二日、金谷参謀総長・二宮参謀次長は、関東軍に「事態を静観」するよう訓令し、不拡大を指示した。また、南陸相も、配下の兵務課長を満州に派遣し、陸相指示として、事態不拡大を直接関東軍に伝えさせた。

同日、関東軍は居留民保護を名目にハルビン出兵の意向を示したが、南陸相や金谷参謀総長ら陸軍首脳部はそれを認めなかった。また、今村作戦課長や二宮参謀次長も、ソ連の介入を警戒し、北満出兵には慎重な考えをもっていた。

またこの日（二二日）、若槻首相は、不穏な動きのあるハルビンや間島では、危急の場合、出兵せず居留民引き上げによって対応する方針を決め、その旨を上奏した。

翌二三日、若槻首相は、満鉄ルートからの情報で、関東軍のハルビン出兵の動きを知り、南陸相、幣原外相、井上蔵相を官邸に召集した。そこで若槻はハルビンに出兵すべきでないとの強い姿勢を示した。これにたいして南陸相は、すでに陸軍中央からその旨の訓令を発してあることを明言するとともに、二宮参謀次長を呼び、その後の経過を確かめさせた。陸軍中央はすでに、参謀総長・参謀次長の訓電によって、関東軍のハルビン出兵を阻止していた。

この席で、朝鮮軍の満州派遣費用を政府支弁とすることを確認するとともに、「吉林の兵も引き戻す」として関東軍の吉林からの撤兵も合意された。この撤兵合意は、その後の南陸相や金谷参謀総長の対応からみて、吉林のみならず、他の満鉄付属地外の占領地からの撤兵も含意していたものと思われる。

このように、今後の方針の基本ラインについて首相、外相、陸相、蔵相のあいだで意見が一致し、南陸相は「これからは全く独断行動はしない」と確約した（原田『西園寺公と政局』）。このことは、天皇発言とともに、若槻の政権運営の見通しにとって少なからぬ意味をもつものだった。

ところが、その日の午前、杉山次官、二宮次長、荒木本部長、小磯軍務局長の会談で、関東軍の占領範囲を満鉄沿線から両側に大幅に拡大する案が決められた。だが、南陸相は、これに強硬に反対し承認を与えなかった。金谷参謀総長も、動揺はあったものの、陸相と同じ姿勢をとった。さらに南陸相は、内閣の意向を受け、全兵力を満鉄付属地内に入れる方針を示した。翌二四日、陸相からの申し入れを受けた金谷参謀総長は、満鉄沿線外の占領地点より部隊を引き揚げることを命じた。

このような南陸相・金谷参謀総長の対応は、内閣の不拡大方針を受けたものといえるが、それにくわえ、南・金谷にとって、二二日の天皇発言は相当の重みをもつものであったことが想像される。

また、この日(二四日)、内閣から「満州事変に関する第一次声明」が発表された。そこでは中国軍の一部が満鉄路線を爆破、日本側守備隊を攻撃したため日本軍が反撃したとの見解とともに、居留民の安全が確認されれば満鉄付属地内に撤退する方針が示されていた。

さらに、二六日の閣議において、幣原外相は、関東軍の吉林駐兵は外交交渉を極めて困難にしているとして、南陸相に吉林撤兵の実施を求めた。そのさい幣原は、もし吉林から撤退しないならば辞職するとまで述べ、南に決断を迫った。南はこれを受け入れる意向を示し、金谷参謀総長もこれに同意。参謀総長より吉林からの撤退命令が出された。建川作戦部長らの反対を押し切ってのことだった。

この頃には、若槻首相は、撤兵については軍部と了解がようやくできた(『牧野伸顕日記』)、ともらしている。また、二六日の閣議で、若槻首相は、「満州政権樹立」すなわち満州での新政権樹立には一切関与してはならない旨を述べ、南陸相も了承した。それをうけて金谷参謀総長は、部内に、新政権樹立の運動には関与しないよう指示。南陸相からも関東軍に、新政権樹立の運動に関与することを禁止する訓電が発せられた。

これは、関東軍による新政権樹立工作を阻止しようとするものだった。関東軍は、独立新政権樹立に向けすでに動きはじめていたのである。

こうして、若槻内閣は、宮中への工作など種々の方策によって、陸軍を何とかコントロールできたかにみえた。だがそのような状況は、後述するように、長くは続かなかった。

国民政府、国際連盟へ提訴

一方、中国側では、柳条湖事件当時、満州の実質的支配者であった張学良(国民政府東北辺防軍司令)は、その配下にある東北辺防軍の主力一一万を率いて北京(当時北平)に滞在していた。前年の国民政府内部での軍事対立のさい蔣介石(国民政府主席)を援助し、それを契機に勢力範囲を北京・天津地域にまで広げていたからである。張学良は父親の奉天軍閥張作霖の勢力をそのまま引き継ぎ、蒋介石ら南京国民政府中央とは相対的に独立した地位を保っていた。

また、蒋介石は共産軍討伐のため、国民政府の首都南京をはなれ華中江西《こうせい》省南昌《なんしょう》で陣頭指揮をとっていた。国民政府軍の主力三〇万を率いて中国共産党の革命根拠地への包囲討伐戦（掃共作戦）を実施していたのである。しかも、一九三一年五月、汪兆銘ら国民党反蒋派が南方の広州に広東臨時国民政府を樹立して、南京国民政府に反旗を翻した。さらに、揚子江流域は大雨による未曾有の洪水にみまわれ、罹災者は数千万人に達し、住民間にはコレラなどの伝染病が猖獗《しょうけつ》していた。このような中国国内の困難な状況下で、満州事変が引き起こされたのである。

柳条湖鉄道爆破直後の九月一八日午後一一時すぎ、中国側の交渉署日本科長より奉天総領事館に、日本兵が北大営を包囲しているが、中国側は「無抵抗主義」をとる旨の電話連絡がなされた。午前〇時と三時頃にも、同じく交渉署日本科長より電話で、中国側は「全然無抵抗の態度」をとっており、日本軍の攻撃を停止するよう申し入れがあった。これらの申し入れは、ただちに総領事館から奉天の板垣らに伝えられたが、板垣らは攻撃を仕掛けてきたのは中国側だ、として無視した。

同様の申し入れは、臧式毅遼寧省政府主席や趙欣伯《ちょうきんはく》東三省最高顧問からも行われた。

これらは、すでに張学良が、日本軍の不穏な動きから、万一の場合には絶対無抵抗主義をとるよう指示していたためだった。

張学良は、かねてから日本軍の挑発には慎重に対処し、衝突をさけるよう在満の自軍に指示していた。関東軍約一万に対して東北辺防軍は正規兵約二七万で、兵力数では張学良側が圧倒的に優位にあった。だが、関東軍との本格的軍事衝突となれば、日本からの増援も予想され、装備の上で優位に立つ日本軍によって、張学良軍が大打撃を受ける可能性が高かった。したがって、張学良は事件勃発後も日本軍への抵抗を禁じ、在満部隊に戦闘不拡大を命じた。そして、日本軍の奉天占領後、二三日には、奉天にあった東北辺防軍司令部と遼寧省政府を、満州南西部の錦州に移し、そこを自らの拠点とした。

蔣介石も、日本軍との正面衝突を回避しようとして張学良の方針を支持し、九月二一日、事件を国際連盟に提訴した。

事変勃発の翌日九月一九日、宋子文《そうしぶん》国民政府財政部長は重光葵《しげみつまもる》日本駐華公使に、日中共同の調査処理委員会の設置と、日中間での直接交渉を提案した。また国民政府は、同時に、事態を日本の「軍事行動」として国際連盟理事会に報告した。

事変の知らせを受けた蔣介石は、二一日、南昌から南京に戻り、事変に対応するため特殊外交委員会を創設。国民政府としては、事変を国際連盟を通じて解決することとした。

中国連盟代表部は、ただちに日本軍の行動を「侵略行為」として連盟に提訴し、理事会の開催を要請した。

この結果、宋子文は日中直接交渉を断念した。日本政府（若槻内閣）は日中直接交渉に積極的だったが、宋は、日本政府の言に反して事態は拡大しており、政府が軍部を統制できるかどうか疑問だ、として提案を取り消した。

蔣介石は、事変が連盟への提訴によって解決されるとは必ずしも考えていなかった。だが、少なくとも、国際世論の支持を得るとともに、その間に国内的に国民政府の強化を図るうえで提訴が有効に作用すると判断していた。さらに蔣は掃共作戦を中止するとともに、広東臨時政府との交渉を進め、反蔣派との融和、国民政府の再統一を図ろうとした。

九月二二日、連盟理事会は中国国民政府の提訴を正式議題としてとりあげ、日中双方に対し事態の不拡大と両軍の撤退を求める議長メッセージを、日本をふくめ全会一致で了承した。連盟に加盟していなかったアメリカも、これを支持した。

最有力の連盟常任理事国イギリスは、前日の二一日、世界恐慌の深刻化のなかで金本位制から離脱し、その善後対策に忙殺されていた。

アメリカは、スティムソン国務長官（フーバー共和党政権）主導で、軍部を抑制し事態の不拡大に努めている若槻首相や幣原外相のラインを、できるだけ援助する方向で対処しようとしていた。スティムソンは、若槻・幣原ら国際協調派に好意的なスタンスをとっており、軍事に傾斜した膨張主義的なグループの台頭を警戒していた。そのようなグループは、中国の主権尊重と門戸開放を脅かし、アメリカの東アジア政策と正面から衝突するものだと考えていたからである。

二四日、日本政府の不拡大声明がだされ、二八日、連盟の芳沢謙吉《よしざわけんきち》日本代表は、日本人の生命財産の安全が保障されれば、漸次撤兵する意向を明らかにした。

中国側は理事会に調査団の派遣を要請したが、日本側は日中の直接交渉を主張。幣原外相は、調査団派遣は日本人の人心を刺激して事態収拾にマイナスとなるとして、受け入れないよう指示した。イギリス政府も、日本の反対する調査団などの派遣には慎重な姿勢をとり、中国側の要請は容れられなかった。

当時日本は連盟常任理事国で、中国も非常任の理事国として理事会に席を占めていた。なお、アメリカのスティムソン国務長官も、調査団などの派遣は幣原外相らの国内での対応を困難にする、として否定的な意向だった。

この時期、アメリカ、イギリスは、東アジア秩序の安定の観点から、当該地域に軽視しえない影響力をもつ日本との協調を強く望んでいた。両国はともに、中国ナショナリズムの激発をコントロールし、ワシントン体制下の国際秩序に国民革命後の中国を組み入れていくためには、ワシントン体制の一翼を担う日本の協力を不可欠としていたからである。三〇日、連盟理事会は、事件不拡大の全会一致決議を成立させ、日本軍の撤兵については特に期限を定めないまま、二週間の休会となった。

第４章　満蒙新政権・北満侵攻・錦州攻略をめぐる攻防

北満のチチハルをめざして進む日本軍

1　満蒙独立新政権の問題

南陸相の変心

朝鮮軍独断越境の承認後、九月二三日、二四日、内閣の方針に基づいて、南陸相、金谷参謀総長は、関東軍に満鉄付属地外からの撤兵を指示した。また、九月二六日、満蒙での新政権樹立の運動には一切関与してはならないとの若槻首相の方針に従い、南、金谷も同様の指示を関東軍や関係部局に伝えた。これらについては、すでに述べた。

だが、一〇月に入ると、南陸相や金谷参謀総長のそれまでの姿勢が変化してくる。

一〇月一日、閣議において幣原外相は、一〇月一四日の連盟理事会開催までに、吉林など満鉄沿線外からの撤兵を実施し、日本の態度をはっきり示しておきたい意向を示した。また、「撤兵したる後、交渉に入るべし」と主張した。これに対し南陸相は、「いま撤兵すれば非常に困難な立場になる……。国際連盟から日本が脱退すればいいじゃないか」、と発言。撤兵への否定的な意見を述べ、国際連盟からの脱退の可能性にも言及した。そして、「懸案解決までは断じて撤兵すべからず」と主張した。

これら南発言の背景には、さきの、九月三〇日に成案となった陸軍中央の「満州事変解決に関する方針」があったと推測される。

若槻首相は、国際関係を十分考慮しなければ、日本はついに「孤立の状態」となり、思わざる「国家の不幸」を招くことになる、と南に説いた（原田『西園寺公と政局』）。

さらに、一〇月五日には、南陸相は閣議で、「満州の独立［新政権樹立］を政府にて腹を定めよ」と提議して、若槻首相や幣原外相を驚かせた。そして、今後の時局処理方針の決定を求めた。南はこの日、日本が「自給自足」するには、「鉄、石炭、石油」などを有する「満州を得ざるべからず」との考えを日記に書きとめている（「南次郎日記」）。事実上日本の影響下にある独立政権を樹立し、それを通して必要な資源を確保しようというのである。すなわち、従来の、満鉄沿線への撤兵、新政権不関与の姿勢から、撤兵拒否、新政権工作承認へと転じたのである。南と連携している金谷参謀総長もまた同様だった。

この後、若槻首相は、南陸相を招き、次のように述べた。

満州に「独立政府を樹《た》てる」ということは、これまでの日本政府の声明を裏切ることになる。したがって、決してこれに関係してはならない。このような行為は、「九ヵ国条約に反する」ものであり、世界を敵とすることになる。そうなれば、経済的にも孤立し、「日本の地位を危うきに導く」ことになりかねない。それゆえ、かならず条約の範囲内で行動すべきである。たとえいかなる独立政権ができても、交渉は、中央政府を相手として行わなければならない、と。

これに対して、南陸相は、それでは「事変前と同様」になってしまう、として同意しなかった（原田『西園寺公と政局』）。つまり、若槻の説得を受け入れなかったのである。

こうして、一〇月八日、南・金谷・武藤（信義）の陸軍三長官会議は、満蒙問題は新政権と交渉して根本的解決を期すとする「時局処理方案」を決定した。これは、九月三〇日の「満州事変解決に関する方針」（七課長会議起案）に基づくもので、新政権の樹立には絶対に表面的関与を避けるが、裏面的に助力を与えるなどとしていた。また関東軍各部隊は、問題解決まで撤兵せず、おおむね現在の態勢を保持することとされている（作戦課「満州事変機密作戦日誌」）。陸軍「時局処理方案」は、翌一〇月九日若槻首相に提出された。

この内容は、事態不拡大を指示した九月二二日の天皇発言を事実上無視するものだった。二二日以降に関東軍によって占領された、鄭家屯、新民屯、敦化、洮南などの現状を容認するものだったからである。また、満蒙新政権の樹立を裏面からであれ工作することは、内閣の意図する事態不拡大の趣旨に反するものといえた。

これまでの南や金谷の撤兵論や新政権不関与論は、自らの政策的信念というよりは、内閣の意向を受けたもので、それほど断固としたものではなく、その姿勢は不安定だった。したがって、関東軍への撤兵指示も実施されず、部内に対する新政権不関与の指示も七課長会議で事実上無視されるような状況のなか、一夕会系中堅幕僚らの執拗な突き上げをうけ、ついに姿勢を転換させたのである。南や金谷にとって天皇発言の重みも、その程度のものだったといえる。天皇の権威の政治・軍事中枢での実態を示す一例である。

しかし若槻にとっては、この間、南陸相や金谷参謀総長が事態不拡大の姿勢を維持していたことは、少なからぬ意味があった。関東軍の行動の無限定な拡大を抑制することができたからである。若槻とて、老練の政治家としての経験から、宮中工作の効果がそれほど長続きするとは考えていなかったであろう。だが、それ以外に関東軍を制御する有効な方途をみいだせないまま、事ここにいたったのである。

なお、一〇月八日には、軍中央の許可なく、石原ら関東軍による錦州爆撃がおこなわれている。当時、遼寧省（旧奉天省）西部の錦州には、奉天を追われた張学良政権が暫定的に政府を置いていた。この爆撃は、それまでの日本政府の事件不拡大、漸次撤兵という国際的な言明を裏切ることになり、若槻内閣と国際社会に衝撃を与えた。石原らのねらいもまたそこにあった。

若槻内閣の方針転換

このような南陸相の姿勢転換とともに、若槻内閣の方針も変化しはじめる。

まず、一〇月五日の閣議における南の提議を受けて、翌六日の閣議で、今後の時局処理の方針について意見が交換された（作戦課「満州事変機密作戦日誌」）。

そこで南陸相は、「満蒙問題は満蒙において解決するを要す」として、独立新政権との交渉を主張した。これに対して幣原外相は、あくまで「支那中央政府」すなわち南京国民政府との交渉を要すとして反対し、意見を譲らなかった。

閣議後、若槻首相、南陸相、安保海相、幣原外相、井上蔵相、安達内相、町田（忠治《ちゅうじ》）農相の主要閣僚間で意見を交換した。その結果、概略的には「おおむね陸軍の意向を是認」することとなり、時局対策として、だいたい次のような方向に落ち着いた。

まず、満蒙新政権の樹立には日本人は一切関与しない。ただ、「樹立せらるべき新政権の性質」に関しては「何たるを問わず」、とされた。

これは、婉曲な表現だが、日本としては新政権樹立には関与しないが、新政権ができてしまえば、事実としてその存在は認める、との含意だった。

そのうえで、「時局解決条項」として、第一に満蒙既得権益の確保。第二に事変そのものの処理（収束）。第三に、将来の要求条項については現時点では表に出さず、「将来新政権樹立後」に機を見て提出するよう保留しておくこと。この三点があげられた。

ここでは、将来の新政権発足を前提とした時局解決が、すでに考慮に入れられていることがわかる。

このように一〇月六日の時点で、若槻内閣は、新政権樹立運動には関与しないとしながらも、新政権が発足するだろうとの見通しは立てており、それとの何らかの交渉を考慮していたのである。これは、南陸相の姿勢の変化への、若槻らのある種の対応だったと考えられる。

次に、撤兵問題でも、若槻内閣のスタンスに変化があらわれる。

錦州爆撃翌日の一〇月九日、若槻内閣は、中国国民政府からの撤兵要請に対し、日中間で「数点の大綱」についての協定成立後に撤兵を実施する旨を中国側に回答した。これは撤兵に新たな条件を付したものだった。それまで若槻内閣は日中間の直接交渉を要望していたが、撤兵そのものには日本人居留民の生命財産の安全確保のほかには特段の条件をつけず、その実行を表明していた。それがここでは、日中間の協定成立後との条件を付しているのである。

また、一〇月一二日、南陸相は、新政権樹立に関し、「表面は不干渉」とするが、裏面からの工作は肯定する姿勢を若槻らに明らかにした（「南次郎日記」）。

これに続いて、一〇月一六日、若槻内閣は、満州における新政権樹立について、表立っての援助は認めないが、「裏からやることならば已《や》むを得ない」ことに一致した（原田『西園寺公と政局』)。すなわち、裏面的ではあれ、満蒙新政権への関与を容認する姿勢に転換したのである。これが政策変化の核心部分といえる。

ただ、その際、さきの「大綱」については、中国中央政府すなわち南京国民政府と交渉協定し、満州での懸案解決の細目については、「満州の官憲」と交渉決定する、とされた。主要な交渉は国民政府を相手とするとのスタンスであり、満蒙新政権を交渉相手とすべきとの南陸相など陸軍の主張とは、なお相違があった。

さらに、一〇月二六日、若槻内閣は「満州事変に関する第二次声明」を発表した。そこでは、部隊の全部を満鉄付属地内に帰還させることは、事態をさらに悪化させることになる、として、それまでの撤兵方針を大きく変化させた。関東軍の付属地外駐留を含め既成事実を許容する姿勢を示したのである。

また、「声明」のなかで、日中交渉の協定対象となる「大綱」の内容として、五項目が公表された。第一から第四までの項目は、侵略行為の否認、領土保全、通商の自由、営業の自由など、だいたい両国間の国際関係上の一般的な原則を確認したものであった。

だが、第五項は、「満州における帝国の条約上の権益尊重」とされ、そこでの条約上の権益の具体的内容については、鉄道問題など日中間での意見の対立が予想された。すなわち、大綱協定成立後に撤兵との日本側方針によれば、撤兵が事実上大幅に遅れることが見込まれるようになったのである。

この五項目大綱の基本的な内容は、外務省内では、すでに一〇月一三日に連盟日本代表部に送られ、翌日ブリアン連盟理事会議長に内々に示されていた。

さらに、「声明」の翌々日二八日、幣原外相は、連盟日本代表部に、もはや張学良は東三省の政権としては意味をなさず、当地では日本軍による警察措置を講じるとともに、「支那側地方治安維持機関の発達」をうながし、それに警察措置を移行すべきだと訓電した。事実上満蒙新政権樹立を促進する方針を指示したのである（『日本外交文書・満州事変』）。

ここに、若槻内閣はそれまでの方針を大きく転換し、南満軍事占領と新政権樹立を容認する姿勢となった。そして一一月一五日には、幣原外相も、「大綱」協定の交渉相手として、南京政府もしくはその承認のもとにある地方政権に限るのは不可能だ、との立場を明らかにした。直接交渉の相手を満蒙新政権とすることを認めたといえる。これは一〇月二八日方針の当然の帰結だった。

こうして、ほぼ一〇月二八日頃には、若槻内閣は、幣原外相も含めて、関東軍の満鉄付属地外占領の現状と、満蒙新政権樹立運動への関与を認め、南陸相や金谷参謀総長と同一のラインに立つことになったのである。

方針転換の理由

これは、一般に、若槻内閣が陸軍の要求を全面的に受け入れたものであり、若槻ら民政党内閣の陸軍への無限定の譲歩を意味するとされている。また、この時点で、いわゆる幣原外交は崩壊したとの見方が強い（緒方貞子『満州事変と政策の形成過程』など）。

だが、はたしてそうだろうか。

若槻首相は、一〇月九日、南陸相から、新政権との交渉をせまる陸軍「時局処理方策」を提議されたのち、一〇月一二日に山本権兵衛元首相、清浦奎吾元首相を訪問した。さらに翌一三日には、犬養毅《いぬかいつよし》政友会総裁、高橋是清《たかはしこれきよ》元首相（政友会長老）、山本達雄《やまもとたつお》元農商務相（民政党長老）、徳川家達《とくがわいえさと》貴族院議長を訪問している（河井『昭和初期の天皇と宮中』）。

若槻の話を聞いた清浦奎吾は、その日に牧野内大臣を訪ねた。そこで清浦は、満州事変は「現内閣をして始末せしむる」ため、できるだけ「外部よりも援助する」ことが必要との意向を示し、かつ元老西園寺の上京を切望した（『牧野伸顕日記』）。

この若槻の動きについて、作戦課の一〇月一六日の記録には、「首相は、右陸相の提言［時局処理方策］に刺戟《しげき》せられてか、自己の成案を得たるもののごとく、数日前来重臣および在野政党首領を訪《と》い、時局に関し諒解を求めつつあり」、と記されている。

つまり、若槻は、南から満蒙独立新政権の容認を迫られ、その後、南の説得に失敗し、

約論や何かを真正面から持って来られると、かなり苦しい立場に立たなければならぬ状況です……。

民政党の一若槻内閣だけでやって、他の者は知らぬということであっては大変だと思ったものですから……国民の代表［犬養、高橋］に話をし、上院［徳川議長］に話し、国家の重臣［清浦ほか］にも話して、全責任は私が取るけれども、国が今直面している事態は容易ならぬものであるということを、日本を背負っている人に知っておいてもらう必要があったのです」（『男爵若槻礼次郎談話速記』）

実際に、その後若槻内閣は、後述するように、南・金谷ら宇垣系陸軍首脳と協力しながら、関東軍の北満進出や錦州侵攻を阻止し、満州国建国工作にも反対しつづける。このような経緯は、これまであまり重視されていないが、若槻内閣の満州事変への政治的対応を考えるさいには、見過ごしてはならないところであろう。

なお、犬養政友会総裁も、若槻の訪問を受けた後の、一〇月一九日の政友会代議士会で、「こういう時局重大な時には、とにかく一段落つくまでは政府［若槻内閣］を支持して行かなければならん」、と発言している。ただ、政界重鎮らによる「重臣会議」は、牧野内大臣や鈴木侍従長らは積極的だったが、元老西園寺や木戸内大臣秘書官長などの反対

橋本欣五郎

荒木貞夫

によって実現しなかった（原田『西園寺公と政局』）。

また、一〇月一七日に発覚した陸軍桜会を中心としたクーデター未遂事件、いわゆる一〇月事件も、それ以後の若槻内閣の事態への対応に、少なからぬ影響があったと考えられる。このような軍内の不穏な動向を抑えるためにも、若槻にとって、南・金谷らとの協力は必要なことだった。

統制力なき陸軍

一〇月事件は、橋本欣五郎参謀本部ロシア班長らのクーデター計画が、事前に露見し未遂に終わった出来事である。橋本らは、桜会メンバーを中心に、近衛師団・第一師団より兵力を動員して主要閣僚・宮中重臣らを襲撃し、荒木教育総監部本部長を首班とする軍事政権を樹立しようと企てた。決行は一〇月下旬の予定であったが中途で発覚し、一〇月一七日、橋本ら首謀者が憲兵隊に保護検束された。

橋本らの計画は、一〇月一三日頃、今村作戦課長の耳に入り、一六日、今村はさらに桜会会員から直接密告をうけ、永田軍事課長、東条編制動員課長と相談、計画阻止の方向で動いた。省部首脳部は今村らの報告により、結局橋本ら首謀者を保護検束することに決し、一七日早朝実行された。検束後、永田は、「たとえこころざしは諒《りょう》とされても、こんな案で、大事を決行しようと考えた頭脳の幼稚さは、驚き入る。未然にくつがえしたことはよかった」、と今村に嘆声をもらしたという（『今村均回顧録』）。岡村寧次補任課長の日記によれば、一五日には岡村もクーデター計画を知り、一六日には、永田、東条、渡久雄欧米課長、小畑敏四郎陸大教官（いずれも一夕会員）らと協議し説得による阻止を試みようとしている。

なお、桜会は、一九三〇年（昭和五年）九月、橋本ら参謀本部情報部の少壮幕僚を中心に隊付将校も加わって結成された。その中枢部はクーデターによる国家改造の実現をめざし、三月事件にも関与していた。根本博、武藤章ら一部の一夕会メンバーも会員名簿に含まれており、根本は一〇月事件で検束されている。ただ、一〇月事件関係者への処分は、短期の重謹慎など軽微な処分にとどまった（根本は譴責《けんせき》。武藤は関与せず）。

岡村は一〇月事件直後の日記に次のように記している。

「一〇月二六日（月）

橋本中佐以下処分問題、三長官三次長会議連日開催。今日も三時より六時に到り遂に決せず。統制力なき陸軍かな。

午後七時より偕行社において、永田、東条、渡、村上、下山、鈴木貞一、土橋、北野、清水、牟田口、工藤、磯谷、予［岡村］等集まり、清軍および国家改造を議論し帰宅す。」


少なくともこの頃には、永田ら一夕会は「国家改造」を考えていたことがわかる。

この一〇月事件は、政界にも大きなインパクトをあたえ、一〇月二六日の若槻内閣による「満州事変に関する第二次声明」などにも少なからぬ影響があったと考えられている。

ちなみに、幣原外相は、戦後次のように回想している。


「満州事変については、政府や軍の首脳が優柔不断であったから、事件がますます大きくなったのだという非難がある。

しかしもし鎮圧策を強行したら、日本はもっと早く軍事革命を起したかも知れない。……軍の内部はいわゆる下剋上で、陸軍大臣でも、海軍大臣でも、ほとんど結束した青年将校を押さえることが出来なかった。」（幣原『外交五十年』）

一〇月一七日以降の内閣の対応には、このような考慮もはたらいていたかもしれない。だが、少なくとも若槻は、それ以前に先のような戦線の立て直しを考えていた。

ちなみに、若槻、幣原らは、一〇月事件の恐怖で腰砕けとなり、陸軍の要求を受け入れる方針に転換したとの見方がある。

方針の転換は一〇月事件以前に実質的に動き始めていたことは、すでにみたとおりであるが、一〇月事件のインパクトも、あくまでも彼らの政治的状況判断への一要素としてであった。若槻、幣原、井上らは、同僚だった浜口前首相の遭難とその死を眼前にしており、その後の言動をみても、個人的には覚悟はできていたものと思われる。

ところで、永田軍事課長は満州事変の約一ヵ月前に、張学良軍事顧問（奉天特務機関付）の矢《や》崎勘十《ざきかんじゅう》に次のような書簡を送っている。

「対支対満蒙問題［は］……正道より進むを可とし、奇の道も時に可なり。ただ何れの場合においても、内国《うち》論のある程度の理解醞醸《うんじょう》と、外《そと》諸列強の正義感を認むることを要し、奇道の場合、国論を引きずり得るごとくなさざるべからず。……問題の解決は陸軍だけでは何としてもできず。また上意なくして憲法の範疇外に出ることを許さず、陸軍の力のみにて事を決するは、国が真に滅するや否やのドタン場の最大非常手段なり。軽々しく用うべきに非ず」（『秘録永田鉄山』）

ここで、「奇道の場合、国論を引きずり得るごとくなさざるべからず」としていることは、謀略による鉄道爆破という「奇道」が、永田ら軍中央の中堅幕僚層の働きによって、南陸相を引きずり、若槻内閣を引きずり、ついに国論を引きずることとなったことで、まさに現象的には実現したといえよう（永田の当初の意図が「奇道」にあったかどうかはともかくとして）。

また、発端となった鉄道爆破以外は、朝鮮軍派遣の事後承認をふくめ、一応合法的に、「憲法の範疇外に出る」ことなく、文字どおり内閣を引きずりながら進められた。すなわち「陸軍の力のみにて事を決する」ような「ドタン場」の事態、たとえば今村ら作戦課などで考えられていた軍による「クーデター」の発動にはいたらなかったのである。

なお、「奇道の場合、国論を引きずり得るごとくなさざるべからず」との表現は、石原の「謀略により機会を作製し、軍部主導となり国家を強引す」に対応するものともいえるが、はたして偶然であろうか。

いずれにせよ、ここまでは永田ら一夕会系幕僚が、陸軍中央を引きずり、内閣を引きずってきたといえよう。

2　北満進出と錦州攻撃をめぐる対立

若槻首相の捨身の反撃

だが、若槻内閣や南陸相、金谷参謀総長が、関東軍や永田ら中堅幕僚層に引きずられたのはここまでだった。

一面では、永田ら一夕会は、南陸相を引きずり、若槻内閣を引きずり、ついに国論を引きずってきた。他面、若槻側からすれば、やむなく後退しながらも、南陸相の態度変化に対応して戦線を再構築する過程でもあった。それが、これ以降、効果をあらわすことになる。

一九三一年（昭和六年）一一月に入って、関東軍は、北満黒竜江省の省都チチハルへの進撃を企てる。だが、ソ連との衝突を危惧する軍中央首脳部は、これを阻止すべく、臨時参謀総長委任命令（臨参委命）によって、関東軍を統制しようとした。

若槻内閣も、国際的な考慮から北満進出は絶対容認できないとして、関東軍の動きを阻止するよう陸軍首脳に強く求めた。

一〇月中旬、石原・板垣・土肥原ら関東軍首脳部は、北満の黒竜江省政権の覆滅《ふくめつ》を図

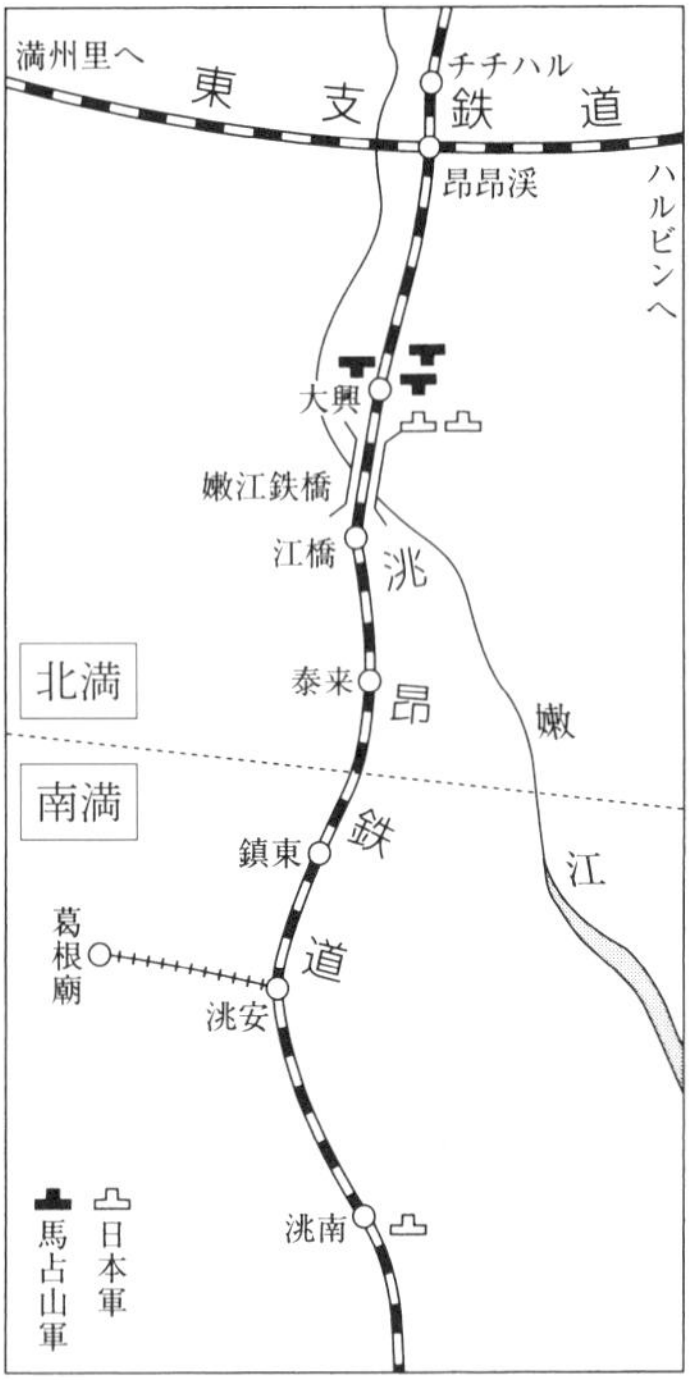

嫩江鉄橋付近図

り、張海鵬による新政権樹立に着手することを申し合わせた。張海鵬は、南満北西部の洮南を拠点とする有力者で、すでに関東軍に懐柔され張学良と絶縁していた。

まもなく張海鵬軍は、関東軍の後援を受けて黒竜江省に侵入し、省都チチハル南方を東西に流れる嫩江《のんこう》に達した。これに対して、黒竜江省軍主力を指揮する黒河《こくが》警備司令馬《ば》占山《せんざん》は、嫩江にかかる鉄橋を破壊し、張海鵬軍の北上を阻止した。

破壊された鉄橋には、満鉄借款による日本側利権鉄道（中国国有）である洮南・昂昂渓《こうこうけい》線が通っており、一一月一日、関東軍は、満鉄による鉄道修理の掩護《えんご》を名目に、部隊を北満に属する嫩江の当該鉄橋南岸まで派遣した。関東軍は、「嫩江橋梁の加修は……「北満への」出兵の口実を得んとするにあり」として、これを機に本格的に北満への進出を図ろうとしたのである。

これに対して陸軍中央は、関東軍部隊による鉄橋修理掩護は承認したが、それ以上の関東軍の北進は認めなかった。金谷参謀総長は関東軍に、「嫩江を越えて遠く部隊を北進せしむる」ことは、「断じて許さざるもの」だ、との指示を与えた。この文面は、今村作戦課長がその必要を主張し、建川作戦部長も同意したものだった。同時に、杉山陸軍次官からも関東軍に、修理を終え次第すみやかに部隊を引き揚げよとの指示がだされた。

馬占山軍に破壊された嫩江鉄橋
(『満州帝国の興亡』別冊歴史読本第32号、1997年、新人物往来社)

すでに一〇月末には、二宮参謀次長から関東軍に、北満に対する積極的作戦行動は実施すべきでないとの指示がなされていた。また小磯軍務局長からも、北満への武力使用は避けるようにとの指示が打電されていた。

陸軍中央は、南、金谷のみならず、杉山、二宮、小磯をふくめ、関東軍の本格的な北満進出には反対だったのである。北満への進出によるソ連との衝突を危惧していたからだった。北満は、旧ロシアの勢力圏で、なお中東鉄道（東支鉄道）などソ連の権益が存続していた。

だが、関東軍は、ソ連が直接兵力を北満に進めることはありえないと判断していた。一一月四日、関東軍部隊は嫩江鉄橋を越えて北岸の大興駅《だいこう》に向かい、馬占山軍と衝突した。関東軍はただちに増援部隊を送り、さらに北進して馬占山軍の本拠地であるチチハルを衝こうとする姿勢を示した（島田俊彦「満州事変の展開」『太平洋戦争への道』第一巻）。

軍中央首脳部は、これを阻止すべく、臨時参謀総長委任命令（臨参委命）を発動し、関東軍の動きを、より強力にコントロールしようとした。臨参委命とは、本来は天皇の統率下にある軍司令官を、勅許によって参謀総長が直接指揮命令できる権限であり、関東軍ら出先機関への統制力を強化するための処置だった。

一般にはあまり知られていないが、関東軍など出先の軍司令官は、天皇に直属しており、陸相のみならず、参謀総長といえども彼らを指揮命令する権限はもっていなかった。したがって、陸軍中央による関東軍のコントロールは、公式には、「指示」を与え「準拠」を示すことに止まるものであった（参謀本部作戦課「関東軍司令官隷下諸部隊の作戦行動に関し其一部を参謀総長に於て決定命令御委任之件記録」『現代史資料』第七巻）。臨参委命は、天皇からの権限委譲によって、これを指揮命令関係に変えるものだったのである。

なお、臨参委命の使用については、河辺虎四郎参謀本部作戦課作戦班長（非一夕会員）によって発案され、今村均作戦課長（非一夕会員）によって各方面との了解がとられた（河辺虎四郎『市ヶ谷台から市ヶ谷台へ』）。

一一月五日、北満に対する積極的行動は実施せず、大興駅付近の占領に止むべし、との臨参委命第一号が、関東軍に発せられた。臨参委命の発動は日露戦争時以来のことだった。これに対して関東軍は、チチハルの黒竜江軍主力に一撃を加えるべきだ、との意見具申を行う。だが陸軍中央は、六日、臨参委命第二号において、先の、嫩江を越えて遠く部隊を北進させることは断じて許さない、との参謀総長の指示に従うよう、関東軍に命令した。

ただ、陸軍中央も、嫩江鉄橋を含む洮南・昂昂渓線（日本側利権鉄道）への、チチハル馬占山軍の圧力は脅威だと考えていた。昂昂渓はチチハルのすぐ南に位置していたからである。そこで、一一月一四日、関東軍に、馬占山軍にチチハル以北に撤退するよう要求し、洮南・昂昂渓線への馬占山軍による妨害を排除すべき旨を指示した。

しかし、馬占山はこの撤退要求を拒否。また、一三日頃から嫩江付近の馬占山軍と関東軍部隊との間で小競り合いが生じていた。このような状況のなかで、陸軍中央も両軍の衝突は不可避と判断し、一六日、関東軍に臨参委命第四号を発令した。その内容は、馬占山軍との戦闘経過のなかで、一時チチハル以北に進出することがあってもやむをえない。しかし、チチハルに侵攻した場合でも、継続して同地を占領することは許さず、なるべく速やかに主力を撤退させよ、とするものだった。

ところが、南陸相が同一六日の閣議で、やむをえずチチハル侵攻をおこなう旨を報告すると、幣原外相、井上蔵相はじめ閣僚は国際関係を困難にするとして一様に反対した。そして北満進出（チチハル侵攻）を強行するなら辞職せざるをえないとの意向を示した（作戦課「関東軍司令官隷下諸部隊の作戦行動に関し其一部を参謀総長に於て決定命令御委任之件記録」）。井上蔵相は、関東軍への冬営費の支出も拒んでいた。

若槻首相も元老西園寺の秘書原田に、陸軍が「東支鉄道以北に兵を出す」ようなことがあれば、政府は責任をとれない。もし「チチハルまで攻めて行く」ことになれば、自分ではどうしようもない、と述懐し、その旨を西園寺に伝えてくれるよう頼んだ。

若槻は牧野内大臣にも、電話で次のように伝えた。

「チチハール出兵の件に付き、陸相の提議あり、閣員こぞって反対、それは露国と衝突の誘引をなすこと、連盟および各国政府に声明したる趣旨に矛盾する等の理由による、ついては、あるいは今後の進行いかんによりては内閣［総辞職］の問題になるも計りがたく、期に先きだち［天皇の］御還奉を願うるも知れず。」（『牧野伸顕日記』）

すなわち、若槻はチチハル侵攻の場合は、総辞職の可能性を示唆したのである。木戸内大臣秘書官長や河井侍従次長も、内閣総辞職の場合もありうると判断し緊張した。

若槻らは、南陸相や金谷参謀総長が、関東軍の北満進出を阻止できず、これ以上関東軍を統制できなければ、もはや政権維持の意味はないと考えていた。このような国際的に重大な事態を阻止できなければ、内閣としてもはや責任をもって国政を運営していく見通しがたたず、総辞職もやむをえないと判断したといえよう。

だが、このような事態は、南陸相にとっても自らの地位と、軍政責任者としての信頼の喪失を意味し、若槻らの意図はともかく、一種の恫喝として作用した。

一七日朝、南は、この日体調を崩し伏せっていた若槻首相を訪ね、「その目的達成後は速やかに軍は後退せしむ」との条件で若槻の同意をとりつけ、閣僚もこれを了承した（作戦課「関東軍司令官隷下諸部隊の作戦行動に関し其一部を参謀総長に於て決定命令御委任之件記録」）。南の関東軍統制の決意を了解したのであろう。

もともと臨参委命第四号では、チチハルに侵攻した場合でも、なるべく速やかに主力を撤退させるよう指示していた。だが、内閣の意向は、なるべくではなく文字通り速やかに、すなわち直ちに遅滞なく撤退すべきだ、とのものだった。

一九日、関東軍主力の第二師団は、極寒のなか馬占山軍との激しい戦闘を制してチチハルに入った（日本側戦死四六名、負傷者一五一名）。二二日、関東軍に派遣されていた二宮参謀次長より、撤退には二週間程度が必要との意見具申がなされた。だが、二四日、金谷参謀総長は、内閣の意向を考慮し、直ちに撤退行動に移るよう指示した。

この前日、一一月二三日、幣原外相は、自身で陸軍省に出向き、南陸相に対してチチハルからの即時撤退を要請している。外相が自ら陸軍省を訪問し、要請するのは異例のことだった。

二五日、臨参委命第五号が発令され、遅滞なく参謀総長の指示を実施するよう命じた。この時同時に陸軍中央は、関東軍がその命令に従わない場合には、軍司令官以下主要幕僚の「人事進退にも重大なる影響」がある、すなわちその更迭も辞さないとの強い意志を示した（作戦課「関東軍司令官隷下諸部隊の作戦行動に関し其一部を参謀総長に於て決定命令御委任之件記録」）。ついに人事権の行使という最終手段に訴えようとしたのである。

このような陸軍中央の決意によって、関東軍はやむをえず小規模な守備部隊を残して主力はチチハルより撤退した。

このように南陸相や金谷参謀総長ら陸軍中央は、関東軍の本格的な北満への軍事的展開を阻止した。その間、馬占山軍が関東軍の攻撃によって省都チチハルを放棄すると、二〇日、ハルビン在住の有力者張景恵は、関東軍の後援のもと、黒竜江省に新政権を樹立することを宣言した。ここに、遼寧省、吉林省、黒竜江省の東三省（満州全域）に、それぞれ新政権が立てられることとなったのである。

錦州侵攻を阻止

だが、二六日、土肥原奉天特務機関長の謀略によって、天津で日本軍と中国軍の衝突が起こる。

関東軍主力（第二師団）はその支援のためとして、奉天に帰還せず直接、長城山海関への通路にあたる遼寧省西部の錦州方面に向かった。これは関東軍司令部の指示によるもので、錦州攻略を意図するものだった。錦州は南満州における軍事・交通上の要衝で、当時奉天を撤収した張学良政権の臨時政府が置かれていた。

これを知った若槻首相や幣原外相は、南陸相や金谷参謀総長に直接働きかけ、その阻止を要請した（若槻『明治・大正・昭和政界秘史』）。アメリカ・イギリスや国際連盟など国際社会の関心が集中している錦州への侵攻は、国際関係を決定的に悪化させるとの判断からで

錦州の市街地
（前掲『満州古写真帖』）

あった。

二七日、陸軍中央は、関東軍のこのような動きに対して臨参委命第六号を発し、奉天・錦州間を流れる遼河より西への進出を禁じた。同日、続いて、錦州方面への侵攻を禁止するとの、臨参委命第七号を関東軍に通達。同第八号で、すでに遼河以西に進出した部隊は遼河以東に撤退させるよう命じた。

若槻らの意向のみならず、錦州がイギリス資本の関係している北寧《ほくねい》鉄道（京奉《けいほう》線）沿線にあることなど、国際関係を考慮してのことだった。スティムソン米国務長官も、もし日本が錦州を攻撃すれば、「米国の忍耐はその極限に達する」との声明を発していた。

この間、建川作戦部長も、「軍［関東軍］がみだりに中央部の意図を蹂躙し、その裏をかくがごとき行為に出ずるは、中央部として絶対的に是認すること能わざるところなり」

と、厳しい口調の関東軍非難を発電した。さらに建川は、関東軍司令官が臨参委命に服従しない場合は、「中央においても大なる決断的処置を考究中なり」として、関東軍首脳部の更迭断行を示唆している（参謀本部作戦課「関東軍の遼西に対する行動に関し」『現代史資料』第七巻）。

このような陸軍中央の強硬な姿勢に、ついに関東軍は屈服し、二七日午後八時、やむなく部隊に奉天への帰還を命令。撤退が開始された。

こうして、石原・板垣ら関東軍の北満進出と錦州侵攻の企図は、南陸相・金谷参謀総長ら陸軍中央首脳部によって阻止された。若槻内閣は、南・金谷との連携によって、関東軍の北満・錦州への展開を防止することができたのである。

陸軍首脳部と中堅層の対立

この経過のなかで、これまでとは違ったレベルでの、軍中央首脳部と一夕会系中堅幕僚層の意見の相違が表面化する。

陸軍中央のなかで、南陸相や金谷参謀総長のみならず、杉山陸軍次官、小磯軍務局長、二宮参謀次長、建川作戦部長など首脳部は、北満チチハル占領や錦州侵攻には否定的であった。北満に利害関心をもつソ連や、錦州がその利権鉄道沿線にあるイギリスなど、国際関係への考慮からであった。また満蒙独立国家建設にも批判的で、新政権樹立に止めるべきだとの意見だった。

また、若槻首相や幣原外相らは、満蒙新政権を関東軍が裏から支援することは認めていたが、当初から関東軍などの独立国家建設方針には一貫して反対していた。それが中国の領土保全を定めた九ヵ国条約に抵触し、とうてい国際社会から受け入れられないものであり、将来の日本の満蒙経営に重大な禍根となると考えていたからである。

このような内閣の意向も背景にあり、たとえば、二宮参謀次長は次のように述べている。

今事変は、「自衛権」の行使と「既得権益」の確立から出発している。それゆえ、もし武力によって北満に本格的に進出するようなことがあれば、国民に疑惑を生じさせ、列強の感情を強く刺激することになる。北満への影響力の浸透は、中国人を使った「謀略」（政治工作）などによるべきで、「武力行使」は差し控えるべきだ。

錦州の張学良政権についても、満蒙新政権の安定化のために、その「覆滅」は緊要《きんよう》であるが、そのための武力行使は同意できない。適当な中国人有力者に「間接的援助」を与えるなどの方法を考えるべきだ。

また、満蒙新政権を急激に「独立国家」とすることは、日本の野心を露骨に内外に示すこととなり、将来に不利を来す。現在は、新政権の安定化を図り、権益の確立拡充に力をそそぐべきである。これまで、政府や国民は、軍部に「引きづられて」きてはいるが、無理な軍事行動をおこなえば、いつ「離反」するかもしれない、と（作戦課「満州事変機密作戦日誌」）。

二宮のみならず、南、金谷、杉山、小磯、建川らも、ほぼ同様のスタンスだった。陸軍中央首脳部を構成する彼らは、すべて宇垣系で、部分的な意見の差異はみられるが、国際関係や国内世論への考慮などから、軍事力の行使による北満進出や錦州侵攻、性急な新国家建設には否定的だった。北満や錦州政権への対処は、謀略もふくめた政治工作によるべきであり、満蒙新政権の独立国家への移行は、時間をかけ内外情勢を考慮しながら判断すべきだと考えていたのである。

ちなみに、宇垣一成朝鮮総督（前陸相・浜口雄幸民政党内閣期）は、事変当初は、新政権樹立のみならず、「保護独立国家」の建設をも念頭に置いていたようである。そして、その領域として北満をふくめた全満州を想定していたとみられる。ただ、新政権からただちに独立国家に進むべきと考えていたのか、武力行使による北満進出を容認していたのかは不明である。あるいは、二宮らのように、将来のこととして独立国家を想定していたのか、謀略をふくむ政治工作による北満包含を考えていたのか、はっきりしない。だが、いずれにせよ、外交的な配慮は必要であり、国際的孤立は避けるべきだとの立場だった（『宇垣一成日記』)。

一一月七日、宇垣は、浜口内閣時に同じ閣僚であった幣原外相と面会し、幣原から、時局重大の際なので「助力を仰ぎたい」「いろいろ助けてくれないか」と頼まれた。宇垣は、「何でも大いに助けよう」と答え、協力を承諾している。そのことは元老西園寺にも伝えられ、西園寺を喜ばせた。一八日、宇垣は西園寺を訪ね、宇垣の認識によれば、「挙国内閣」が望ましいことなど両者の意見はだいたい一致し、与野党両党首との接触を暗に懇請されたという。

さらに、チチハル撤退後の一一月二四日、錦州攻撃を懸念した西園寺は、秘書原田を通して、宇垣に、関東軍が「錦州攻撃に出ないよう」尽力してほしい旨を依頼した。宇垣は、南陸相や金谷参謀総長らに「注意してみよう」と答えている(原田『西園寺公と政局』)。

陸相から首相となった田中義一を身近で見てきた宇垣にとって、首相決定に大きな影響力をもつ元老西園寺の意向とその依頼は重要な意味をもっていた。この頃宇垣は政界進出を考えており、おそらく南・金谷をはじめ陸軍首脳部に、一定の働きかけを行ったものと思われる。

南、金谷は、宇垣の意向でそのポストについた経緯もあり、かねてから宇垣の影響力がとくに強かった。杉山、二宮、小磯、建川も、宇垣前陸相時代に陸軍首脳部に取り立てられたもので、直接宇垣の影響下にあった。なお、二宮は宇垣と同郷の岡山出身。建川は宇垣派有力者の鈴木荘六前参謀総長の直系（騎兵）で姻戚関係にあった。また、二宮・建川はイギリス駐在の経歴があり、イギリスなど列強との国際関係については、相対的に慎重な姿勢をとっていた（杉山は英領シンガポール、インド駐在、小磯は中国駐在）。

ちなみに、建川は、日露戦争で将校斥候《せっこう》隊長として名を知られ、黒澤明脚本の映画『敵中横断三百里』（主演菅原謙二、原作は山中峯太郎の同名小説）のモデルとなった人物である。鈴木荘六と同じ騎兵科出身で、その縁から姻戚関係となった。

一般には建川は対中国強硬派のイメージが強いが、一九三一年三月の時点では、次のような認識を示していた（当時参謀本部情報部長）。幣原、浜口らの「経済外交」は、必ずしも「健全なもの」ではなく、満鉄培養線や土地商租権［長期の借地権］など満蒙権益の実現・強化が必要である。だが、そのことは満蒙の「領土を取ろうとするのではなく」、条約上で得た「正当なる権利」を行使しようとするものにすぎない、と（建川「我国を繞る諸国の情勢」『戦友』昭和六年七月号付録）。永田ら一夕会とは明らかに異なるスタンスだった。

このような宇垣派陸軍首脳部に対して、永田ら一夕会系中央幕僚層は、石原・板垣ら関東軍幕僚と同様、当初から北満をふくめた全満州の事実上の支配を考えていた。また張学良政権の覆滅は当然のことで、したがって錦州攻撃も容認さるべきことだった（一夕会系幕僚のほとんどは、ドイツ、中国、ロシア駐在)。

たとえば、一夕会員鈴木貞一は、戦後の談話において、「南満だけでやるというような考えは［自分たちは］当時もなかった」(『鈴木貞一氏談話速記録』上巻)とし、次のような永田の発言を紹介している。


「大命でそれ［華北方面への進出］は止まった。しかし止まった以上は軍がヤケのヤンパチになって、膿をそこいら中に出しては困る。……それには、北に向かって黒竜江の線までは行ってもよろしい、討伐をやらせる、ただし東支鉄道にはふれてはならん、という息抜きの場所を与えてやる方がいい」(『秘録永田鉄山』)

これは少し後の時期のことであるが、永田が北満進出そのものには特段の問題があると考えていなかったことがわかる。

当時、比較的永田と近かった朝日新聞記者高宮太平《たかみやたへい》も、戦後の著作で、永田が直接関東軍の石原や土肥原と連絡を密にしていたこと、また永田が当初から北満を含む東三省全域の占領を意図していたことなどを回想している(高宮太平『昭和の将帥』)。高宮と永田の近さからみて信憑性は低くないと思われる。

ちなみに、石原や鈴木（貞）らは、北満においても中東鉄道などソ連の権益に手を触れなければ、ソ連の介入はないと考えていたようである。また、木曜会で満蒙領有方針を申し合わせたさいにも、領有対象は、南満ばかりでなく北満も含んだものとして考えられていた（『鈴木貞一氏談話速記録』）。さらに、木曜会の満蒙領有方針や、のちの犬養内閣成立直後の満蒙独立国家方針案作成に永田軍事課長が関係していることなどからして、一夕会系幕僚が基本的には独立国家建設の方向であったことは、ほぼ間違いないだろう。

なお、岡村は戦後の回想で、自分は満州独立国家までは考えていなかったと述べている（中村菊男『昭和陸軍秘史』）。だが木曜会で満蒙領有方針が確認されたさい岡村も出席し、それを前提に積極的に発言していることなどから、この回想の評価には注意を要する。

このように南満軍事占領と新政権樹立までは、永田・岡村ら一夕会系中央幕僚たちは建川・小磯ら宇垣系強硬派を巻き込み、ついには南・金谷も動かし、事態を推し進めてきた。だが、永田ら一夕会系中央幕僚も、北満チチハル占領や錦州侵攻の問題、さらには独立国家建設の問題では陸軍首脳部を動かせなかったのである。陸軍首脳部のスタンスは、若槻内閣や西園寺らの働きかけによるばかりでなく、彼ら自身の軍事的政治的判断でもあったからである。

なお、今村作戦課長も、永田らと比較的交流があったが一夕会員でなく、上司である参謀総長ら軍首脳の最終的判断は尊重する姿勢で、北満進出阻止、錦州攻撃阻止のラインで動いていた。また今村は、一〇月一八日から約一〇日間、関東軍独立の動きに対処するため白川義則軍事参議官に随行して渡満したさい、中国主権下での新政権樹立にとどめるべきだと主張して、石原・板垣らの新国家建設論と対立している（今村はイギリス駐在）。

このような関東軍に抑制的な今村のスタンスに、作戦課員一二名中、賛同していたのは河辺虎四郎高級課員ら三名のみで、武藤章兵站班長ら九名は批判的だった（『今村均政治談話録音速記録』）。幕僚層への一夕会系の影響力の強さが推測される。

ちなみに今村は武藤についてこう述べている。

「武藤章……も公々然と私に対抗したですね。……そしてむしろ石原莞爾に同調するようなことを絶えずやっておったですね」（同右）

このように若槻内閣は、南陸相や金谷参謀総長らの協力によって、関東軍の北満進出や錦州攻撃などを阻止し、石原・板垣をふくめ一夕会系中堅幕僚の動きをほぼ抑え込んだ状態となった。いいかえれば、石原ら関東軍と、それを支援する永田ら一夕会系中央幕僚は、若槻内閣と宇垣系陸軍首脳部との連携によって、いわば身動きが取れない状態となったのである。

このまま事態が推移すれば、次の定期異動（翌年三月）で、関東軍および陸軍中央の一夕会員は、陸軍首脳部によって一斉にそのポストから外される可能性が十分あった。永田・石原ら一夕会系幕僚は、ギリギリの状況に追いこまれていた。

国際連盟理事会

一方、九月三〇日の不拡大決議の後、二週間の休会となっていた国際連盟理事会は、再開後、一〇月八日の関東軍による錦州爆撃に態度を硬化させ、一〇月一六日、アメリカをオブザーバーとして連盟理事会に招聘《しょうへい》することを決定した。日本は反対したが、本件は手続き問題であり規定上全会一致は必要ないとされ、正式な議決となった。

この間、中国は一〇月五日、日本軍の満鉄付属地内への撤退を、理事会開催予定日の一四日までに終えるよう求めた。だが、日本政府は、前述のように、九日、大綱協定成立後の撤兵を主張し、中国側の要請を拒否した。

アメリカは、事変当初から、軍部を抑制し事態の不拡大に努めている若槻首相や幣原外相のラインを、できるだけ援助する方向で対処しようとしていた。したがって、中国の調査団派遣の要請に対しても、スティムソン国務長官は、幣原外相らの国内での対応を困難にするとして消極的だった。

しかし、一〇月四日の関東軍の張学良政権排除声明に続く、一〇月八日の錦州爆撃で、スティムソンは態度を硬化させ、日本政府に厳重に抗議するよう指示した。そのうえで、連盟理事会が不戦条約との関連を審議することを要望し、米ジュネーブ領事に、その場合には議論に参加するよう訓令した。

スティムソン

イギリスもまた錦州爆撃について日本政府に抗議し、ことに日本機の爆撃した北寧鉄道（京奉線）にはイギリス資本が投下されていることに注意をうながした。フランス、イタリアも同様に錦州爆撃について抗議の意を示した。

一〇月一三日、連盟理事会がパリで開かれた。錦州爆撃に衝撃を受けた中国の要請により、予定より一日早められての開催であった。理事会において中国代表は連盟規約と不戦条約に言及し、各国にその観点からの対処を求めた。また、理事会においてアメリカのオブザーバー参加が提案されたが、幣原外相は、連盟とアメリカが連合して日本を圧迫しようとしているとの誤解を日本国内で生じさせるとして、阻止するよう指示した。

結局アメリカの招聘が決定されるが、スティムソンは現地のギルバート米領事に、理事会の討議には不戦条約に関わるかぎりで参加し、それ以外の問題についてはコミットしないよう指示した。また本国からの指示により、ギルバート領事は、各理事国がそれぞれ不戦条約への日中両国の注意を喚起することを提議し、実施された。同時に、スティムソンはなお、紛争の解決そのものは日中両国の直接交渉によってなされるべきで、第三国が介入すべきではないとのスタンスを維持していた。

その頃には、すでに日本側の五項目の大綱協定案が、ドラモンド（英）連盟事務総長とブリアン（仏）理事会議長に示されていたが、両者は、大綱協定成立後に撤兵するとの日本案は、容認できないとの姿勢だった。

その後、種々のレベルで継続的に折衝が続けられ、二二日、ブリアン議長より、次の理事会開催予定日である一一月一六日までに日本軍は満鉄付属地内に撤退すること、撤退完了後日中両国は直接交渉を開始すること、を主旨とする決議案が提出された。日本は反対したが、二四日、採決がおこなわれ、一四ヵ国の理事国中日本以外はすべて賛成した。だが、理事会決議は全会一致が原則であり、決議は公式には成立しなかった。しかしこのことは、日本政府が国際的に厳しい状況に立たされていることを意味した。一一月の関東軍によるチチハル侵攻問題直前のことである。そして理事会は約三週間の休会に入った。

日本、視察員派遣を提案

　このころアメリカは、日本の五項目大綱案それ自体は正当な主張だとみていたが、大綱協定を撤兵の条件とすることには反対である旨を日本側に伝えた。軍事的圧迫にもとづく強要になるとの見解からだった。

　しかし、関東軍は北満方面への軍事行動を起こし、前述のように一一月四日、北満の嫩江北岸の大興駅付近で馬占山軍と衝突した。七日、フーバー大統領とスティムソン国務長官は、日本に軍事政権が成立する場合の対応を協議したが、そのさい対日経済制裁は戦争に発展するおそれがあるとして両者ともに否定的だった。その後ハーレー陸軍長官などが力による制裁を主張したのに対して、スティムソンは、基本的には国際世論の方法によるべきだとして、軍事力による制裁に反対した。

　だが、一九日、関東軍はチチハルを占領した。それを知ったスティムソンは、日本軍の行動は、もはや自衛の範囲をはるかに超え、不戦条約や九ヵ国条約に違反しており、日本政府はいまや統制力を失っていると判断した。そして、もし連盟が対日経済制裁に踏み切るならば、アメリカはそれを妨害しないとの方針を示し、フーバーもそれに賛成した。また、民間レベルでの対日貿易自粛によって事実上日本に圧迫を加えることも容認する姿勢だった。さらに、連盟が調査委員会を現地に派遣する場合には、アメリカも加わる用意があるとの見解をまとめた。

イギリスも、日本が満州権益を擁護しようとすることには異論はなく、また即時全面撤兵の実行が実際上は困難なことは了解していた。だが、大綱協定成立を撤兵の条件とすれば、撤兵の見通しがたたないとして、それには否定的だった。

アメリカ、イギリス、連盟事務総長、理事会議長らは、満州における日本の条約上の権益については理解を示していたが、その履行を軍事力によって中国に強要することには反対の態度だったのである。

パリでの連盟理事会は、一一月一六日に再開された。再会前日の一五日、幣原外相から連盟の芳沢日本代表に訓令が出された。そのなかで幣原は、五項目の大綱協定を撤兵の条件とするとともに、満蒙新政権との交渉もありうる、などとしていた。だがそれと同時に、連盟との事態打開策の一つとして、日本側提案によって連盟からの視察員を満州をふくめ中国に派遣させること、を示唆した。これは、かねてからの中国の要請に沿うものでもあった。

日本代表団は、これをドラモンド事務総長はじめイギリス・フランス・アメリカ側に示した。中国側からの有効な処置をとるようにとの強い要請もあり、ドラモンド事務総長は、連盟の権威の維持のため苦慮していた。

連盟加盟国のなかで安全保障に不安をもつ小国は、連盟の有効な対処を強く望んでいたが、イギリス・フランス・イタリア・ドイツなど常任理事国は、対日経済制裁に否定的な国内世論の動向を軽視できなかった。各国世論においては、世界恐慌による経済不安のなか、対日経済制裁に踏み切ることには批判的な意見が強かったのである。

日本側提案をうけドラモンドは、大綱協定と撤兵との関係については同意できないとして難色を示したが、視察員派遣については歓迎した。満州での日本軍の戦闘拡大にもかかわらず、九月三〇日以来、何ら有効な方策を決定しえない連盟理事会に、国際世論から厳しい目がむけられていた。そのような状況のなかドラモンドは、これによって連盟の権威を、かろうじて維持することができると考えたのである。ブリアン理事会議長や他の常任理事国代表も同様だった。

一一月二一日、日本代表は理事会に視察員の派遣を正式に提案した。その後、決議案の検討が進められ、イギリス・フランス・アメリカからなる調査団の派遣と、これ以後の主動的戦闘行為の禁止が合意された。ただし日本は、居留民の生命財産保護のための「匪《ひ》賊《ぞく》、不逞分子」の討伐権を主張し、その留保宣言を行うことが事実上認められた。

こうして、一二月一〇日、連盟理事会は全会一致で決議案を採択した。この時点では、若槻内閣は、陸軍中央首脳部の協力によって関東軍のチチハル撤兵を実行に移させ、錦州攻撃を阻止し、独立国家化の動きも抑えており、その状況を持続できれば、国際連盟およびアメリカなどの列強諸国とはなお妥協可能であった。後述するように、一一月二七日のスティムソン発言後、参謀本部では錦州攻撃案が動きはじめていたが、まだ実行には移されておらず、事態は流動的だった。

だが、連盟理事会決議の翌日、一二月一一日、若槻内閣は突如総辞職する。

第５章　若槻内閣の崩壊と五・一五事件

第２次若槻内閣　前列左から４人目より右にむかって、若槻首相、南陸相、安達内相、右端が井上蔵相（『昭和　二万日の全記録』第２巻、1989年、講談社）

1　若槻民政党内閣の総辞職――安達内相による倒閣

協力内閣運動

若槻内閣総辞職のきっかけになったのは、いわゆる協力内閣運動である。

一〇月二八日、閣内や民政党で若槻に次ぐ位置にあった安達謙蔵内相が、政友会との連立による協力内閣案を若槻首相に提起し、いわゆる協力内閣（連立内閣）運動が動きはじめた。

安達内相は、職務上、一〇月事件などの情報を警視庁からえており、陸軍の動きに敏感になっていた。当時民政党は概略、若槻、井上らの官僚出身派と、安達らの党人派からなっていた。そのうち、党人派の富田《とみた》幸次郎《こうじろう》常務顧問、頼母木《たのもぎ》桂吉《けいきち》筆頭総務、山道《やまじ》襄一《じょういち》幹事長、中野《なかの》正剛《せいごう》総務、永井《ながい》柳太郎《りゅうたろう》総務らが、協力内閣に賛同していた。

それ以前、一〇月一六日夜、一〇月事件に関連する動きの情報をえた犬養毅政友会総裁は、「陸軍の根本組織から変えてかからなければならないが、そうなると政友会一手ではできない。どうしても連立して行かなければ駄目だと思う」、との意見を西園寺側近の原田に伝えた。また、一九日の政友会代議士会でも、「こういう時局重大な時には、ともかく一段落つくまでは政府［若槻内閣］を支持して行かなければならん」、とも述べていた。

この頃、安達内相の周辺では、すでに協力内閣の方向での動きが始まっていたが、若槻首相は、安達提案以前の二二日には、閣内に「他の政党を入れるわけにいかん」として連立に否定的だった（原田『西園寺公と政局』）。

だが、二四日、連盟理事会で期限付撤兵決議案が採決され、日本を除く全ての理事国が賛成した。全会一致の原則から正式には決議は成立しなかったが、若槻内閣にとっては国際社会からの重圧となった。さらに、南陸相と金谷参謀総長が、一〇月事件の責任をとり辞職する意向をもらしていた（「畑俊六日誌」『続・現代史資料』第四巻）。

二八日、このような事態のなかで安達内相から協力内閣の提案をうけた若槻首相は、それに賛成した。「挙国一致」の内閣によって、「国民全体の一致した意見」というかたちで、関東軍へのコントロールをより強化できるのではないか、との判断からだった。また連盟の動きや南陸相らの進退への懸念から、単独による政権運営に不安を感じてのことだった。イギリスでは、一九三一年八月、マクドナルド挙国一致内閣が成立しており、若槻には、そのことも念頭にあったと思われる。

だが、井上蔵相や幣原外相に相談すると、彼らは反対した。政友会と「連合」すれば、外交方針や財政方針は変わらざるをえない。だが「今日の場合、現在行っている外交方針、財政方針が最も適している」、との見解からだった。ことに井上は、政友会とは根本的に財政政策が異なるとして強い反対意見を述べた。

二人の意見を押し切って連立に進めば「内閣は瓦解する」と判断した若槻は、協力内閣案を断念し、安達にその旨を伝えた。また、南・金谷も宇垣らの説得で職に止まった（『男爵若槻礼次郎談話速記』、若槻『明治・大正・昭和政界秘史』）。

一方、政友会は、一一月四日に政務調査会で金輸出再禁止（浜口民政党内閣が復帰していた国際金本位制システムからの再離脱）を決定。一〇日には議員総会で、金輸出再禁止とともに「連盟の脱退をも辞せず」との決議をおこなった。ただ、犬養総裁も与野党提携を断念し、原田に「連立は難しい」と述べた。犬養自身は必ずしも連盟脱退を考えていたわけではなかった。若槻も、民政党内閣で「どこまでもやる」との意志を原田に伝え（原田『西園寺公と政局』）、一一月一四日には、閣僚・党幹部懇談会で、政権維持の決意を示した。

井上蔵相は、安達らの協力内閣論について、「軍部を掣肘《せいちゅう》し統制せんとする」ものではなく、むしろ「軍部に媚びんとするもの」との認識だった。そして、現政府はあらゆる手段により「軍部の活動を制御」しつつあり、「これ以上の強力なる内閣の実現は目下のところ想像しえざる」ところだ、との意見だった。したがって、原田にも、「あくまでこの内閣により従来の政策にて邁進する決心」をみせていた（『木戸幸一日記』）。

だが、一一月二一日、安達内相は、協力内閣樹立をめざす声明を記者会見で発表した。民政党内でも、安達配下の中野正剛総務のほか富田幸次郎常務顧問などが協力内閣工作を進め、一二月九日、久原房之助《くはらふさのすけ》政友会幹事長との間で協力内閣に関する覚書が取り交わされた。久原は、この頃犬養らとは異なり連立の方向を考えていたのである。

一〇日、富田顧問らから覚書をみせられた若槻首相は、安達内相以外の党員閣僚を召集して協力内閣反対方針を確認した。そのうえで安達内相を招致して翻意をうながしたが、安達は拒否し、中野ら自派議員の集まっている自邸に引き揚げた。その後、首相官邸での閣僚会議は続けられ、再三安達の出席を要請したが安達は応ぜず、午前四時散会した。

翌一二月一一日、午前一〇時から閣議が開催されたが、安達は自邸に籠もったままで出席しなかった。若槻首相は安達に辞職を要求したが、これも安達は拒否した。午後三時半から再開された閣議で、やむをえず総辞職を決定。午後五時半、若槻は参内して全閣僚の

犬養毅

安達謙蔵

久原房之助

辞表を奉呈した。当時の首相には閣僚の罷免権はなく、閣議は全員一致を原則としており、閣内不一致となれば政策決定は不可能に陥るため、総辞職するほかなかったのである。

こうして若槻民政党内閣は崩壊した。

なお、その前から、倒閣の動きは政友会でも強まっており、何人かの有力者は陸軍にも直接働きかけていた。たとえば、若槻内閣総辞職一週間前の一二月四日、政友会の山本悌《やまもとてい》二郎《じろう》、鳩山一郎《はとやまいちろう》、森恪ら五人が、陸軍の今村作戦課長、永田軍事課長、東条編制動員課長らと懇談した。

そこで山本が今村に、「若槻内閣は目下全く行き詰まりあるも、これが倒閣をなしうるものは陸軍のみ」だと述べ、陸軍の力によって内閣を倒そうとする企図をほのめかした。それに対して今村は、「国内的に軍隊が使用せらるることは全くの非常時なり。いわんや倒閣のため陸軍が政党と相関係するがごときは断じてなし」、として協力を拒否した。なおも山本は「民政党内閣にては満蒙問題の解決不可能なり」として協力を求めたが、今村は「満蒙問題解決と倒閣とは全然別問題なり」と応じている（作戦課「満州事変機密作戦日誌」）。

つまり陸軍から協力を拒否されたのである。その後、この面からの倒閣の動きは立ち消えとなった。ちなみに、かつてロンドン海軍軍縮条約（浜口雄幸民政党内閣期）のさいにも、山本らは、倒閣のため海軍を条約反対の方向に動かそうとして失敗している。

だが、若槻内閣は内相の閣議出席拒否という思わぬ行動から倒れたのである。

なぜ無謀な行動をとったのか

では、安達内相は若槻首相らと意見が対立した時、なぜ単独辞職しなかったのだろうか。なぜ内閣を総辞職に追い込もうとしたのだろうか。安達は、同志会以来、憲政会、民政党と歩んできた党人派の代表的人物であり、閣内・民政党において若槻に次ぐ地位にあった。単独辞職なら党に止まることもでき、巻き返しを図るなど、また別の政治的可能性もありえた。だが、この時の強引な倒閣行動によって安達は除名され、その後、国民同盟を結成するが、議員わずか三三名で、急速に政治的影響力を失っていくことになる。

閣僚のみならず、党幹部会など党の大勢も政権維持の方向だったからである。

安達ほどの老練な政治家が、どうしてこのような一見無謀な行動をとったのだろうか。

まず、安達の協力内閣論そのものの意図については議論がある。大きくは、与野党連立によって陸軍を抑えようとしたとの意見と、陸軍の意向に沿うかたちでの連立政権の樹立を図ろうとしたとの見方に分かれる。のちの安達自身の回想では、その点について必ずしも明確でない。

ただ、当時、原田には、「軍部の諒解を求めて、民政党と政友会を一緒にしたらいいと思う」と語っている（原田『西園寺公と政局』）。井上蔵相も、前述のように、安達の協力内閣論は陸軍に媚びるものだとの認識だった。ただ当時、多様な連立内閣論がさまざまな政治グループで考えられており、安達の協力内閣論それ自体は、それほど特異なものではなかった。

問題は、単独辞職拒否という安達の進退の処し方にあった。その理由については、安達自身はのちの回想でも全くふれていない。

安達の協力内閣運動を最も熱心に進めたのは、安達直系の中野正剛だった。安達と反《そ》りが合わなかった党人派の富田幸次郎を協力内閣に同意させたのは中野であり、一一月二一日の安達の協力内閣に関する声明を起草したのは中野系の風見章《かざみあきら》だった。

中野は、「犬養を首班に、安達がこれを援ける」かたちでの協力内閣を考えていた。安達も、牧野内大臣に「両党総裁」をして政局に当たらせるべきだと進言したさい、「若槻は挂冠《けいかん》［首相辞任］のさい総裁も同時に引退すべし」と述べている。中野と同様、協力内閣の民政党側の担い手として、若槻を想定していなかったのである。

満州事変についても中野は、若槻らとは異なり、「支那こそ侵略者であり、日本こそ非侵略者である。今日連盟の議論は……許し難き誤解である」との立場だった。そのような観点から、若槻首相にも、満蒙に対する強硬政策の遂行を進言した（原田『西園寺公と政局』、『牧野伸顕日記』）。

そして、陸軍との一致協力を主張し、一夕会が推戴している荒木貞夫教育総監部本部長にたびたび接触していた。中野は一夕会メンバーを含めた少壮陸軍軍人らとも交流があり、中野と荒木は古くからの知り合いだった。この安達派における中野の存在が、安達の倒閣行動と何らかの関係があった可能性はある。中野もまた若槻の退陣を望んでいた。

安達の閣議出席拒否前の一一月末、関東軍や陸軍中央の一夕会系中堅幕僚は、若槻内閣と連携する南・金谷ら宇垣系陸軍首脳部によって抑え込まれ、身動きが取れない状況にあった。それが、一二月一一日の若槻内閣総辞職によって南陸相も辞任し、事態は一気に流動化することとなったのである。

安達の閣議出席拒否による内閣総辞職は、一夕会系中堅幕僚にとって、状況を打開する絶妙のタイミングだった。ちなみに、関東軍は、一二月一一日、若槻内閣総辞職を「満蒙問題解決上一転機を劃するに至るべし」と判断していた（片倉「満洲事変機密政略日誌」）。

安達の閣議出席拒否による強引な倒閣のさい、安達邸などで中野らから安達にどのような働きかけがあったのか詳細は不明である。だが、のちの荒木陸相就任や閑院宮参謀総長就任のさいの一夕会による裏工作の経緯などからみて、一夕会系中堅幕僚から、中野ら安達派メンバーのルートを通じて何らかの工作がなされた可能性は、全く考えられないとはいえないのではないだろうか（中野と協力内閣運動との関係については、井上敬介『立憲民政党と政党改良』、参照）。

単独辞職ならともかく、他の党員閣僚の強い反対や党の大勢に抗して強引に倒閣に進めば、民政党内での政治生命を失うことは、安達にも当然予測できたはずである。若槻の変心への怒りがあったとしても、そのような犠牲を払ってまで、安達にそこまで踏み切らせたものは何だったのだろうか。現在のところ、資料的には明らかにしえないが、興味深い点である。

なお、安達は、満州事変前から建川ら陸軍首脳に、閣内で唯一陸軍に理解のある存在とみられていた（作戦課「満州事変機密作戦日誌」）。また事変開始後も、閣議などで時として相対的に陸相に同情的な発言をしていた。原田にもたらされた情報では、陸軍の信望をえて軍に接近し、小磯軍務局長とも会見したもようだった（原田『西園寺公と政局』）。だがこれは宇垣派とのレベルで、荒木とも数回会ったとの説もあるが資料的に確認できない。また、一夕会系幕僚との直接の接触は今のところ知られていない。

ただ、安達は長く熊本を地盤としており、荒木も大正中期に熊本の歩兵第二三連隊長を務め、昭和初期にも熊本第六師団の師団長を務めている。その交錯から、安達の倒閣時、両者に何らかの接触があった可能性は十分考えられる。安達の倒閣行動以後は二人は親密な関係となっていたようである。

いずれにせよ安達の単独辞職か倒閣かの判断は、これ以後の事態の展開からみて、政治史上軽視しえない意味をもっていたことは確かだろう。もし安達が単独辞職のかたちをとっていれば、事態はまた異なった展開となった可能性がありえたからである。

2 犬養政友会内閣の成立と荒木陸相の就任――陸軍における権力転換

宇垣派の失脚と「昭和陸軍」の始まり

一二月一一日、若槻内閣の辞表提出後、後継内閣の選定が問題となった。天皇に次期内閣首班を奏薦する権限をもつのは元老西園寺であり、その意志がほぼ決定的な意味をもっていた。この時、後継内閣の具体的可能性としては、若槻民政党総裁への大命再降下、犬養政友会総裁の単独内閣、民政党と政友会による連立政権、の三つがあった。

牧野内大臣は、辞表の文面から若槻には「再降下の期待」があるのではないかと推定していた。また、政友会顧問の岡崎邦輔《おかざきくにすけ》も「若槻に再降下」ということが最も賢明な策だ、と西園寺側近の原田に伝えた。

だが、その日の夕刻、原田から若槻辞職の経緯を聞いた西園寺は、「犬養を奏薦するほか仕方があるまい」と語った。今度の問題は「安達と久原の陰謀」のようなもので、「いわゆる再降下ということも考えられなくはない」としながらも、犬養首班による「政友会単独内閣」の考えを原田に示した。

翌一二日、元老西園寺は、牧野内大臣、鈴木侍従長、一木宮内大臣と会談した。その席では若槻への再降下は問題とならず、西園寺が犬養奏薦の意向を示し、一同は同意した。ただ、そのさい牧野から西園寺に対して、連立による組閣を犬養に勧めてほしい旨の発言があり、一木も賛同した（原田『西園寺公と政局』）。

そこで西園寺は午後五時、犬養を自邸に招き、奏薦の意志を伝えたうえで、「連立内閣の意なきや」を問うたが、犬養は「かえって不統一の因をなす」として受け入れなかった（河井『昭和初期の天皇と宮中』）。この時犬養が連立を容認すれば、事態はまた別の方向に動いていた可能性はあるが、犬養は政友会の党内情勢から、すでに連立を断念していた。

西園寺はこの手続きを踏んだうえで参内し、犬養を後継内閣の首班に奏薦した。午後八時、参内した犬養に組閣の大命が下り、犬養はただちに閣僚の選考に入った。

一九三一年（昭和六年）一二月一三日、犬養毅政友会内閣が発足。陸軍大臣には、一夕

会が擁立する三将官の一人、荒木貞夫教育総監部本部長が就任した。南陸相の辞職とともに金谷参謀総長も、一二月二三日に退任。荒木は、後任の参謀総長に閑院宮載仁親王をすえた。そして翌年一月には、台湾軍司令官の真崎甚三郎を参謀次長におき、以後真崎が参謀本部の実権をにぎることとなる（皇族の閑院宮は実務には原則的に関与せず）。真崎もまた一夕会が推す三将官の一人だった。

荒木・真崎は、二月には、関東軍の動きに批判的となっていた今村作戦課長を在任半年で強引に更迭（通常は任期一年以上）。後任には小畑敏四郎を任命し、軍務局長には山岡重厚をつけた。四月、永田鉄山が情報部長、山下奉文が軍事課長に就任。小畑が在任わずか三ヵ月で運輸通信部長に転じ、後任の作戦課長には鈴木率道がつく。

彼等はすべて一夕会員だった。

宇垣派の杉山、二宮、建川らは中央から追われ、同じく宇垣系だった小磯は二月に陸軍次官となるが、六ヵ月で更迭。真崎直系の柳川平助《やながわへいすけ》（佐賀）が後任となった。南・金谷をはじめ宇垣派は、陸軍中央要職から一掃されたのである。

陸軍における権力転換がおこなわれたといえる。この時点から、陸軍の性格が大きく変わることとなる。

一般にはあまり知られていないが、この権力転換は重要な意味をもっていた。

それまで陸軍の実権を掌握していた宇垣派は、政党政治に協力的で、その外交路線である国際協調も重視していた。だが、あらたに陸軍の実権を握った一夕会と真崎ら佐賀派は、かならずしも政党政治を評価しておらず、その満蒙政策にみられるように、国際協調に第一義的な優先順位を与えていなかった。また、一夕会は、陸軍の組織的な政治介入が必要だとする姿勢であり、その点でも、政党政治を容認し、陸軍そのものの政治介入には慎重な宇垣派と相違していた。また、後述するように、軍事戦略や世界戦略構想においても、宇垣派と一夕会は大きく異なっていた。

したがって、この権力転換は、昭和期の陸軍にとって重要な歴史的意味をもっており、この時点から陸軍の性格が大きく変わることとなる。やがて大きな政治的発言力をもち、太平洋戦争への道を主導していく「昭和陸軍」は、ここから始まるといえる。

その意味で、陸軍にとってのみならず、日本の政治と社会にとって、エポック・メイキングな（時代を劃する）出来事だった。

満州国建設へ

一方、荒木陸相就任直後の前年一二月二三日、「時局処理要綱案」陸軍省・参謀本部協定第一案が作成された。そこでは、「満蒙（北満を含む）は、これを差当り支那本部政権より分離独立せる一政権の統治支配領域とし、逐次帝国の保護的国家に誘導す」、とされた。陸軍中央で公式に満蒙独立国家建設が具体的プログラムにのぼったのである。

中国主権下での新政権樹立から独立国家建設へ、満蒙政策の大きな変化だった。ただ、石原ら関東軍は、ストレートに「満蒙を独立国とし、これを我が保護の下に」置くとの方針だった。だが、この省部案では、独立政権から「逐次一国家たるの形態を具有するごとく誘導す」との表現で、漸進的なかたちをとろうとしている。国際的反応を考慮してのことであろう。

また「時局処理要綱案」は、中国本土について、排日排日貨の根絶を要求するとともに、反張学良・反蔣介石勢力を支援して国民党の覆滅を期す。また必要があれば重要地点への出兵を断行する、としていた。出兵は、居留民保護を名目とするものが想定されている。このような国民党政権への姿勢は、前述の七課長会議案に基づく「満州事変解決に関する方針」(前年九月三〇日)を踏襲したものだった。

一九三二年(昭和七年)一月六日、独立国家建設を容認する、陸軍省・海軍省・外務省関係課長による三省協定案「支那問題処理方針要項」が策定される(陸軍側担当は永田軍事課長)。陸軍「時局処理要綱案」の満蒙政策方針を基本とするものだった。

そして、三月一二日、「満蒙問題処理方針要綱」が犬養内閣で閣議決定された。そこで、

「満蒙は、支那本部政権より分離独立せる一政権の統治支配領域となれる現状に鑑み、逐次一国家たるの実質を具有する様これを誘導す」との方向が定められた（『満州事変作戦指導関係綴』別冊其二）。

独立国家建設方針が内閣の正式承認をえたのである。

満州では、すでに三月一日、満州国建国宣言が、関東軍主導のもと前黒竜江省長張景恵を委員長とする東北行政委員会によってなされていた。

なお、同年八月、永田は石原に「満蒙は逐次領土となす方針なり」と述べ、石原の独立国家論と対立している（石原「満蒙に関する私見」）。永田は、なお満蒙領有論を捨てていなかったようである。

また、荒木陸相下の陸軍中央は、関東軍の要請に応じて、前年一二月一七日、二七日と、本土・朝鮮より満州に兵力を増派。二八日より、約二個師団の兵力で錦州を攻撃し、翌年一月三日、錦州を占領した。また、一月二八日、関東軍は参謀本部の承認のもとに北満ハルビンへの攻撃を開始、二月五日、ハルビンを占領した。また、チチハルも前年一二月一五日より長期占領の態勢になっていた。ここに日本軍は、満州の主要都市をほとんどその支配下におくこととなった。なお、一月九日には真崎参謀次長が就任し、陸軍中央は、それ以降、荒木・真崎体制となっていた。

なお、若槻内閣総辞職より約二週間前の一一月二七日、スティムソン米国務長官が、記者会見において、関東軍の錦州攻撃中止に関して重大な失言をおこなった。陸相・参謀総長が錦州を攻撃しない旨を幣原に言明したことが、幣原外相からフォーブス米駐日大使に伝えられた、とスティムソンが言及したのである。幣原からフォーブスへの内話は機密とされるべきものであった。だが、アメリカ側での情報伝達の不手際から失言となったのである。

このことが日本でも報道されると、重大な軍機漏洩だとして、幣原・南・金谷は各方面から激しい攻撃を受けた。ことに関東軍の錦州攻撃を直接抑えてきた南・金谷は、陸軍内でも突き上げられ、苦しい立場に立たされることとなった。

一二月七日、ついに南陸相は関東軍に対して、匪賊討伐が錦州付近に及び、それが「支那軍との衝突」に至ってもやむをえない、との指示を与えた（作戦課「満州事変機密作戦日誌」）。事実上錦州付近での中国軍との交戦を容認したのである。なお匪賊討伐は連盟理事会も容認していた。

若槻内閣総辞職前のこの段階で、南陸相ら陸軍中央は錦州攻撃に踏み切り、内閣の陸軍へのコントロールは失われ、国際協調も事実上崩壊したとの見方がある。

だが南陸相の指示は、直接錦州攻撃を命ずるものではなく、錦州攻略の軍命令は、犬養内閣成立後の一二月二六日、荒木陸相のもとで発せられ、二八日より攻撃が開始された。関東軍も、犬養内閣組閣直後の一二月一五日に、この「政変」によって、陸軍中央も「ようやく錦州攻略に決意するもののごとし」、とみていた（片倉「満洲事変機密政略日誌」）。

こうして犬養内閣の成立と荒木の陸相就任によって、関東軍や陸軍中央の一夕会系中堅幕僚が企図していた、北満・錦州を含めた全満州の軍事的掌握が一挙に実現した。また日本の実権掌握下での独立国家樹立の方向が、国家レベルの政策として決定されたのである。

西園寺の意図

このように犬養内閣の成立と荒木の陸相就任は、重大な歴史的意味をもつものだった。では、なぜ元老西園寺は、若槻辞職当日一二月一一日の段階で、犬養首班の政友会単独内閣に考えを固めたのだろうか。

一一月二日、西園寺は、安達から両党総裁への大命降下のかたちでの協力内閣案を聞かされた。西園寺の反応は、「陛下が……二人に内閣を組織しろ、といわれた例」もあるが、「今日のごとくすでに立派に憲法政治が完成している場合、絶対にそういうことはできない」、と否定的だった。

しかし一方で、「陛下からどうこうという風なことになると、あるいは神聖なるべき天皇に責任が帰して……憲法の精神に瑕《きず》がつくことになる」。だが、それとは別に「若槻が動いて犬養を説く」というかたちなら、「やむをえない」として容認する姿勢だった（原田『西園寺公と政局』）。

つまり、天皇が介入し、両党首に大命を降下させる方法での連立内閣には否定的だった。だが、両党総裁間で合意するなど、何らかのかたちで自発的に両党が提携し連立内閣を作ることには肯定的だったのである。西園寺の場合もイギリスの挙国一致内閣が念頭にあったと思われる。

このように考えていた西園寺は、一一月一八日、宇垣一成朝鮮総督に、「挙国内閣の成立は時節柄望ましきこと」である。だが、それは「両党首の発動」によって行われるべきである、との趣旨の意見を伝え、宇垣に「両党首の気分を鼓舞」するよう示唆した。

宇垣は、一九日に若槻と、二〇日に犬養と会い、連立内閣を勧めた。だが、二人はともに単独内閣の方向で考えを固めており、宇垣の提案を受け入れず、宇垣もそれ以上の説得を断念した（『宇垣一成日記』）。

こうして西園寺が考えていた、両党首の合意による連立内閣の可能性は消失した。したがって、若槻辞職後の首班選定について、残る可能性は、若槻への大命再降下か、犬養政友会単独内閣かとなった。

では、なぜ西園寺は、若槻への大命再降下を選択しなかったのだろうか。若槻が再降下を期待していたことは、牧野内大臣も気づいており、反対党である政友会顧問の岡崎邦輔も、若槻への再降下が望ましいと原田に伝えていた。西園寺自身、「再降下ということも考えられなくはない」としていた。若槻が首班となれば、南陸相・金谷参謀総長留任の可能性はあり、その後の展開もまた異なったものとなりえたかも知れない。だが西園寺は、それを選択しなかった。

その理由について、西園寺の側近であった原田は次のように述べている（少し長くなるが、重要な記述なのでそのまま引用する）。


「若槻内閣の外交に対していかに非難が多くとも、やはり原則としては幣原のやり方がよい、また財政は不景気で困る……という声がいかに国民の間に多くあっても、大体において井上の方針がとにかくいいのではないか、という感じが［西園寺］公爵にあったらしい。……であるから、あの際［若槻内閣総辞職時］にも、安達内務大臣の辞職のみを勅許され、あとはことごとく却下されて、あのまま若槻内閣の続く方が更によかったのではなかったかと思われたらしいのだけれども、もしそうなれば、すでに今までにも為《ため》にする宣伝、無理解な中傷によって［宮中］側近に対する空気がすこぶる悪くなっていた事実や、官僚出身の一部の先輩および軍部に一種の陰謀のあることなどを承知しておられる公爵としては、これと政友会とが合流して、側近攻撃、宮中に対する非難中傷が起ることは、今日の場合、すこぶる憂慮すべき結果を惹起しはしないか、という懸念が、相当強く公爵の頭を支配していたわけである。……もちろん財政や外交も重大ではあるけれども、遺憾ながら、この際宮中のことのためには、何物をも犠牲に供さなければならない国情である、と考えられたのであった」（原田『西園寺公と政局』）。

つまり、これまでの慣例からして、若槻に事実上内閣改造のうえで政権を維持させる方法もありえた。だが、宮中側近への反感が強くなっており、また一部の高官や軍部にも陰謀の動きがある。これと政友会が合流して宮中に対する非難中傷が起きることは、憂慮すべき結果を惹起するおそれなしとしない。したがって、このさい「宮中のこと」のためには、「何物をも犠牲に」しなければならない。西園寺は、このような判断を一つの重要な要因として、若槻への大命再降下を断念した、というのである。

これは原田の推定である。

だが、西園寺自身も、かねてから、「どうも陸軍の若い士官の結社の状況からみて……あるいは陸軍のなかに赤［共産主義者］が入っているのではないか」、と憂慮していた。そして、世界の歴史をみると、革命によって王室の滅びる時いろいろな手段がとられるが、「実にそれによく似ている」と述べ、天皇や皇后について、種々の中傷が風聞として流布している例を挙げている。そのうえで、これらが「すべて陸軍側から出ているのをみても、どうしてもこれは極左が動かしているように感ずる」との述懐をしていた。

そのような文脈から、「陛下がこれら責任者［首相や陸相］に対してあまり立ち入った御指図はよくない」との判断を、牧野内大臣などと共有していたのである。ただ、西園寺は、「政府も軍に引きずられているんで困ったこと」としながらも、「過渡期の一時の現象だろう」と楽観的にみていた（原田『西園寺公と政局』）。西園寺特有の立ち位置といえよう。

したがって、原田の先のような推定はそれほど的外れではなく、西園寺が若槻への大命再降下を選択しなかった一つの重要な要因であったと思われる。このような考慮は、後述するように、犬養首相暗殺後の後継首班決定のさいにも再出することになる。

こうして西園寺は、犬養政友会総裁を後継首班に奏薦した。

荒木陸相実現工作

しかし犬養内閣の成立は、必ずしも同時に荒木陸相の就任を意味するものではなかった。犬養は、当初南陸相の留任を希望していたが、それが実現しなかったのである。

参謀本部作戦課の日誌には、こう記されている。組閣前夜、陸軍三長官と軍事参議官は、民政党を主体とする内閣および協力内閣の場合は南陸相が留任、政友会単独内閣の場合には荒木または阿部を推す、と決めた。犬養首相は南陸相に留任を求めたが、南はこの決定に従い辞退するとともに阿部と荒木を推挙、結局荒木陸相となった、と。

犬養にとって南陸相案はあらかじめ封じられていたといえよう。

南陸相の日記によれば、南、金谷、武藤の三長官会議では、陸相候補として、金谷は阿部信行と林銑十郎を、武藤は荒木貞夫と阿部信行をあげ、結局、阿部と荒木を推薦することに決まった、とのことである。南は候補者名に言及しなかった。

この陸相選定時、一夕会の中心人物永田鉄山は、政友会の有力者小川平吉に、次のような書簡を出している。

「陸相候補につき、至急申上げます。……長老はあるいは阿部中将を推すかも知れず、……少くも候補の一人には出ることと思いますが、同中将では今の陸軍は納まりません。……今日、同氏は絶対に適任ではありませぬ。……荒木中将、林中将（銑十郎）あたりならば衆望の点は大丈夫に候。この辺の消息は森恪氏も承知しある筈です（……最近阿部熱高まりしは宇垣大将運動の結果なりとて、部内憤慨致居候）」（『小川平吉関係文書』）

宇垣の推す阿部信行元陸軍次官を退け、荒木か林を陸相に、との趣旨である。小川は犬養への書簡で、この永田の意見を、陸軍要路の極めて公平なる某大佐からのものとして伝え、自らも荒木を最適任としている（同右）。永田と小川は同郷（長野）で、旧知の間柄だった。

政友会へは一夕会関係で永田・小川のルートだけではなく、鈴木貞一・森恪のルートからも働きかけている。鈴木は戦後の談話で次のように述べている。

「三長官の［陸相］推薦というものは大体一人に絞って陸軍が決めて出しておった。ところが、その当時の空気で行くと、どうも荒木さんではない他の人が行くような形勢もあるわけなのです。……［鈴木と森は］荒木さんをどうしても犬養内閣の陸軍大臣にしたいということで、それには一人に絞らせないで、三人位出す。そうして……犬養さんが、『陸軍の方に一人に絞ってもらっては困る、出来れば二人か三人の候補者を出してもらいたい。そうしてその中から総理が選びたい』、こういうことをオファーするように［森をつうじて］工作したわけだね。……そこで陸軍の方は三人出す。……荒木さんとか、あるいは阿部信行さんとか、林銑十郎さんとかいうような人が出るわけなのだ。……その中から犬養さんは荒木を取った。それで、荒木を取ったということは……森恪のインフルエンスというものが非常に犬養さんに働いておって、犬養さんも森恪の言うことに従わざるをえないような情勢であった」（『鈴木貞一氏談話速記録』）

作戦課日誌、南日記と鈴木談話との間には一部相違があるが、いずれにせよ陸軍首脳からは公式に阿部と荒木を推薦させ、政友会に工作することによって荒木陸相の実現をはかったのである。

当時、事実上陸相決定権をもつ陸軍三長官のうち、南・金谷は阿部を推す宇垣派、武藤のみが真崎と同じ佐賀派で荒木を推していた。したがって、このレベルでは荒木はなお不利な状況にあった。だが上記のような経緯で、陸軍からは阿部・荒木両者ともに推薦することとし、一夕会が政治工作によって荒木を陸相に就任させることに成功した。

この決定は重要な政治的意味をもっていた。

荒木の陸相就任は、これ以降の陸軍の政治状況に大きな影響をもつことになる。ここで阿部が陸相に就任していれば、事態はまた別の方向に動いていた可能性もあったといえよう。

当時、一夕会の有力メンバー岡村寧次は、日記に次のように記している。

「一二月二一日（月）、夜小畑を訪い、荒木将軍陸相就任事情、吾が党［一夕会］の諸子苦心の状況を聴取す」

岡村は若槻内閣総辞職の日に朝鮮・満州に出張し、荒木の陸相就任時の動きには直接かかわっていなかった。

なお、岡村は滞満中、石原・板垣らと会っている。先の今村とは異なり、岡村には彼等とのあいだで意見の相違はなかったようである。

「一二月一五日（火）、奉天着。……板垣、石原と密談、夕食を共にし八時に到る。彼等の平静熟慮には敬服せり。」

また、荒木の陸相就任に続いて、一二月二三日に金谷参謀総長が退任する。参謀総長の職は陸相の進退と連動するものではなかったが、早くから陸軍内で金谷の辞職を求める声があり、その退任の背後では、武藤信義や柳川平助ら反宇垣派の佐賀系人脈とともに、山岡重厚、小畑敏四郎、工藤義雄ら一夕会員も動いていた。

たとえば、一夕会メンバー磯谷廉介の真崎甚三郎宛の書簡（一九三一年一二月二一日付）には、次のようにある。

「政変」以来、「国軍根本的の基礎確立」のための「機運醸成」に関しては、「総監［武藤信義教育総監］閣下のご勇断はもちろん、柳川、山岡両閣下をはじめ、小畑、工藤などの熱誠なる活動によるもの」だ、と（『真崎甚三郎関係文書』）。

金谷の後任については、南前陸相の日記によれば、荒木陸相就任直後の一二月一五日、荒木、金谷、武藤の三長官会議は、閑院宮に参謀総長就任を願い、その承諾がえられない場合は南をあてることを決めた。金谷・南は閑院宮の辞退を想定していたようであるが、宮は承諾した。南の参謀総長就任を望んでいた金谷は「武藤に一杯食わされた」と悔やんだ（「南次郎日記」）。おそらく三長官会議で武藤が閑院宮辞退の可能性が高いことをにおわせたのであろう。

だが、その背後では、この面でも早くから、荒木・武藤と連携して、佐賀系の柳川、一夕会の山岡・岡村・磯谷らが、閑院宮参謀総長就任工作に動いていた。
岡村の日記には、次のようにある。

「一一月二二日（日）
午前一〇時、荒木中将を訪ね、柳川、山岡両少将も来会し午食を共にし、四人して総長問題善後策を講ず。……
一一月二三日（月）
午後磯谷来訪。四時、和田由［和田由恭。閑院宮付武官］来訪。閑院宮殿下に関し密談す」

荒木陸相は、皇族の閑院宮参謀総長を実現するや、翌年一月には、盟友の真崎甚三郎（佐賀）を参謀次長におき、以後荒木・真崎が陸軍首脳部の実権をにぎることとなる。

満州国建国宣言

一方、一月二八日、上海で日中両軍が衝突する上海事変がおこる。これは、よく知られているように、板垣関東軍高級参謀から列国の注意を満州からそらすよう依頼をうけた、田中隆吉《たなかりゅうきち》上海公使館駐在陸軍武官補佐官の謀略を発端とするものとされている。その後、日中間の戦闘が本格化し、停戦協定調印は、五月五日となる。

他方、国際連盟理事会は、若槻内閣総辞職の前日一二月一〇日、現地への調査団派遣を決定。翌年二月三日、リットン調査団がヨーロッパを出発し、二九日に来日した。また、アメリカのスティムソン国務長官（フーバー共和党政権）は、日本軍の錦州攻撃後の一月七日、満州に関して中国の領土保全や不戦条約に反するような事態は一切認めないとする、いわゆる不承認宣言（スティムソン・ドクトリン）を発表した。

アメリカ内部では、ホーンベック国務省極東部長らが、日本への経済制裁を主張したのに対し、キャッスル国務次官は日本との衝突に発展する可能性があるとして反対した。フーバー大統領は、経済制裁に必ずしも拒否的ではなかったが、慎重な姿勢をとっていた。そのような状況を背景に、スティムソン・ドクトリンが出されたのである。当初、スティムソンは、イギリス、フランスなどとの共同行動を考えていたが、イギリスは時期尚早としてスティムソンの提案を受け入れず、フランスもこれに追随し、アメリカのみの宣言となった。

このようななかで満州国建国宣言（三月一日）がなされ、独立国家建設を容認する犬養内閣の閣議決定「満蒙問題処理方針要綱」（三月一二日）によって、満州事変は一つの区切りを迎えるのである。

満州事変の首謀者はだれか

なお、一夕会の中心人物永田鉄山の満州事変時の動きについては議論がある。この問題は、満州事変における一夕会の役割を考えるうえで軽視しえない論点なので、ここで少し検討しておこう。

満州事変時の永田の考えについての彼自身の手による文書や日記、メモなどが残されておらず、資料的に確定が困難で、いくつかの見方がある。

まず、満州事変は一〇月事件も含め当初から全て永田の計画と指導のもとにおこなわれたとする見解がある。

これは、後述するいくつかの証言からしても、少し極端といわざるをえず、柳条湖事件そのものの主導性はやはり関東軍の石原・板垣らにあったと思われる。事件には、計画の変更によって時期的に不意打ちとなった面があり、直後の朝鮮軍派遣をめぐる軍中央幕僚の一定の混乱もそのことを推測させる。また一〇月事件に永田が直接関与していないことは、資料的にも間違いない。

次に、満州での武力行使計画に永田は関与せず、かつ満州事変には基本的には反対であったとの見方がある。

これまで詳しくみてきた経過からして、これも正確ではないといえよう。現在では、永田は満州で実際におこなわれたようなかたちでの武力行使を必ずしも意図していなかったが、ことが起こってのちは全力で支援したとの見方が一般的である。

ただ、そのなかにもいくつかのバリエーションがある。

たとえば、当時永田のもとで軍事課支那班長を務めていた鈴木貞一は、戦後の回想で次のように述べている。「永田は満州事変について自分で積極的にやる考えを持って」おり準備もしていた。だが、「その当時ああいう状況［関東軍の謀略］で満州事変が起ったとは永田も私も、夢にも思わなかった」、と。そして、満州事変が「ああいう奇道を踏んで起った」ことを知ったのは、リットン調査団が来てからだと付けくわえている（『秘録永田鉄山』、『鈴木貞一氏談話速記録』）。

だが、根本博の回想によれば、永田は事変勃発直前、関東軍の謀略工作について、「現地［関東軍］がこの秋でなければダメだと云うなら現地の云うところに従うべき」、と語ったという（「根本博中将回想録」『軍事史学』第一一号）。

前述のように、石原・板垣らとそれほど深い関係を持たない建川が、柳条湖事件前、関東軍の九月下旬決行計画を承知していた。にもかかわらず永田が、石原・板垣との二葉会・木曜会・一夕会などでの関係からして、少なくとも九月下旬の謀略計画をまったく知らなかったとは考えにくい。満州事変時の関東軍と中央幕僚との連携は、石原・板垣と永田・岡村らの一夕会ラインが基本で、よく言及される花谷と建川・橋本らのチャネルは二次的なものだったと思われる。

たとえば板垣は、事変前年の一二月に花谷が上京し建川らと接触したことについて、「我々の総意を代表して行ったものではない」としている（森『満州事変の裏面史』）。橋本欣五郎によれば、永田や岡村は満州での謀略に不賛成だったとのことだが（同右）、そのような永田らの態度は、派手に動きまわっている橋本への牽制の意味もあったのではないだろうか。

また、岡村は、事件直後の九月二四日、満州から帰った建川から「衝突事件の真相」を聞いているが、日記には何の感想も記しておらず、大きな衝撃をうけた様子はない。おそらく事前にだいたいは承知していたからであろう。なお、岡村日記には「真相」の内容にはふれていないが、田中隆吉は、満州事変の発端となった鉄道爆破が日本人によるものであることを、上海で岡村寧次から聞いた旨を証言している（『田中隆吉尋問調書』、岡村の上海滞在は一九三二年二月から六月まで。リットン調査団来日は二月末）。

永田と岡村は、ほとんど情報を共有しており、永田も同様であったのではないだろうか。これらのことは、前述の事件翌日午前の省部首脳会議の動きからも推測される。永田や岡村が、一八日夜の決行について事前に知っていたかどうかは不明だが、少なくとも元の九月下旬計画は、岡村と板垣が会った八月には承知していたと思われる。

ちなみに、満州事変当時、軍事課予算班長として永田のもとにいた綾部《あやべ》橘樹《きつじゅ》は、戦後次のように述べている。

「永田さんは、やはりこれ［満州事変］はいつかはやらなければならんものであるということは十分考えておられたと思うのです。けれども、それがまだ時期ではない、もうちょっと待って、というのが永田さんの気持だったろうと思うのです。それまでに、とにかく国内の一般の気持をそこまでもっていくようにしなければいけない、というつもりでやっておられた。しかし、準備はしなければなるまい、というような気持はあったと思います。……［前年一一月長春で］永田さんは石原莞爾さんとか、林《はやし》大八《だいはち》［参謀本部付・ハルビン特務機関員］とかいう連中とお話を夜おそくまでしておりまして、……そのときにそうとう突っ込んだ話でもしておられたんだろうという感じはしております。……

そういう立場で永田さんはおったんですが、いよいよ事変が始まったあと、それからの永田さんの努力というものは、これは大変なものだったと、私はいまでも考えております。……外務省にまず行って外務省を説く、それから政界、財界方面に、朝食会だとかなんとか会というようなところには、みんな出かけていって説明をする。それは上の人もずいぶんやられたと思いますが……いちばん働いたのは永田さんだと思いますね。」(中村菊男『昭和陸軍秘史』)

また、同じく永田のもとで軍事課員であった西浦進《にしうらすすむ》も、「やはり満州事変の一味でしたからね、石原、永田というのは。……とにかくいつかはやるということを永田さんも同意しているわけです。しかし、あの時期にやるかやらないかということは、かなり問題があったようですね」、と回想している(『西浦進氏談話速記録』)。

事変の時期をいつに選択すべきと考えていたかの問題はともかくとして、このような観察がだいたい妥当なところではないだろうか。

このことに関連するが、満州事変前、永田は今村均を参謀本部作戦課長に就かせようとして働きかけたことを前にふれた。作戦課長は、戦時においては最も枢要なポストの一つだった。だが、じつは平時には有事のためのプランニングが中心で、一種の閑職状態におかれ、それほど重視されていなかった(『西浦進氏談話速記録』)。永田はそこに意中の人物を据えようとしたのである。それほど遠くない将来に重要な作戦行動がおこなわれると考えていたからではないかと推測される。

なお、満州事変中に永田は板垣に次のような書簡を送っている。

板垣征四郎大佐の満州赴任を見送る永田鉄山大佐
（『秘録板垣征四郎』芙蓉書房、1972年）

「板垣盟兄　　　　永田鉄山

芳簡只今落掌。

真剣雄毅の御活躍、涙を以て感謝し、壮として居る。

之に報ゆる所の十分ならぬ点多々在りて、御不満の数々も、重々諒承して居る。

微力を顧みて痛恨に堪えぬ。

併し国際関係と国家機構の許す範囲で複雑な環境の裡で、為し得る丈の努力はやって居る。今後共益々駑馬に鞭打つつもりだ。

今日迄昼夜不断の執務、筆を執る寸暇を得なかったのは遺憾なり。

外に乾坤一擲の快挙を擁し、内には軍制改革、行政整理、国際軍縮の諸事業在り。幸に同志僚友の支持と協力とを得て、辛うじて任責を果たしつつ在り。……今後共出来るだけ努力して、御等の勲業に資せんことを期している。忙中云い度き事は多々なるも之にて擱筆、石原兄にも宜しく。」（「板垣征四郎宛永田鉄山書簡」『片倉衷文書』、国立国会図書館憲政資料室所蔵）

すなわち、板垣ら関東軍の行動を、「乾坤一擲の快挙」であり、その働きを「涙を以て感謝し」ているというのである。

また、一夕会員だった根本博の回想によれば、一〇月事件について永田は、「抜かずに内閣をすごみをきかせる方が得策だ」と述べたとされている（「根本博中将回想録」）。一方、今村の回想では、クーデター計画を知った永田は、「こういうことを勝手にやらせちゃいけない。橋本欣五郎以下、みんなひっくくろう」、と主張したという（『今村均政治談話録音速記録』）。二人の永田像にはズレがあり興味深い。

ちなみに、永田のパーソナリティーについて、国策研究会の矢次一夫《やつぎかずお》は、「政治的計画性に富んだインテリ軍人」で、その話は、「大学教授と語っている気がした」としている（矢次一夫『昭和人物秘録』）。また、当時の軍事課員西浦進や、のちに永田の部下となる武藤章も、「学者的な風貌の人」「合理適正と認めざるかぎり頑として応じない人」という(『西浦進氏談話速記録』、武藤『比島から巣鴨へ』)。

だがその一方で、永田と関係のあった有末精三《ありすえせいぞう》は、永田が話の中でよく「サーベルガチャガチャやって脅かすか」といっていたとも述べている(『秘録永田鉄山』)。永田には両面があったのであろう。

永田は、実務上も有能な軍事官僚で、合理的で冷静な性格であったと思われるが、それとともに、ある種の政治性とオリジナルな思考をもつ軍人だった。自ら中央幕僚を非公式に組織化するなど、必要なら周到な計画と準備のもとに、裏面的な政治工作や権謀的手法をとることも厭《いと》わないタイプだったといえよう。

また、満州事変について、関東軍に陸軍中央が引きずられたものとの見解がしばしばみられる。だが、これまでみてきたように、関東軍に引きずられたというより、中央の一夕会系中堅幕僚グループが、関東軍に呼応して陸軍首脳を動かそうとし、最終的にはそれに成功したというべきだろう。

したがって満州事変は、関東軍と陸軍中央の一夕会系中堅幕僚グループの連携によるものだったといえよう。

ちなみに、若槻首相も、陸軍中央幕僚のなかに関東軍と内応しているグループがあるとみていた（『男爵若槻礼次郎談話速記』。）

なお、原田は、満州事変を陸軍「桜会」の陰謀によるものと考えていた。木戸もほぼ同様の判断だったようである。これは、おそらく守島伍郎外務省アジア局第一課長からの情報に基づくものではないかと思われる。しかし、原田は桜会を一九二七年（昭和二年）にできたものとしており、守島は石原、板垣を桜会関係者とみている（原田『西園寺公と政局』、『木戸幸一日記』、守島「満州事変の思い出」）。桜会の結成は一九三〇年（昭和五年）で、昭和二年に発足したのは木曜会である。石原、板垣は木曜会、二葉会のメンバーで、桜会には関係していない。原田の桜会認識には、木曜会の情報が混入していたと考えられる。一般には、満州事変における桜会の役割が強調される傾向にあるが、それには、このような原田らの見方が一因となっているのではないだろうか。周知のように、原田や木戸の日記は、東京裁判にも提出され、一般にも広く知られるようになったからである。

3　五・一五事件の衝撃——政党政治の終焉

犬養内閣発足

一九三一年（昭和六年）一二月、若槻礼次郎民政党内閣は、事変への対応をめぐる閣内不一致によって総辞職し、政友会総裁犬養毅が後継内閣を組織した。

犬養内閣は、まず、深刻な様相を呈していた昭和恐慌への対処として、金本位制から通貨管理制に移行。赤字公債の大幅発行によって景気の回復を図ろうとした。この景気刺激策によって恐慌はある程度緩和される。だが、陸軍からの圧力によって、公債発行で膨張した予算のかなりの部分を軍事費支出にあて、景気刺激策が軍備の増大に帰結するというディレンマを抱えた。

他方、犬養は、満州における中国側主権をある程度認める方向で、国民政府との妥協による事変の収拾をはかろうとした。そのため、腹心の大陸浪人萱野《かやの》長知《ながとも》を組閣直後に中国に派遣した。しかし、これは陸軍や内閣書記官長森恪などの妨害にあって間もなく失敗に終わった。陸軍や森は、満州での中国側主権を否定する独立国家の建設を考えており、翌年三月、現地では満州国建国宣言がおこなわれた。ただ、森は独立国家建設が関東軍主導で進むことには否定的だった。彼は、天皇直属の委員会を設置し、それによって関東軍をコントロールしながら、政府主導で満蒙国家建設を推進する方向を考えていた（原田『西園寺公と政局』）。

これに対して犬養は、軍部への対応上、満州事変そのものは日本の自衛行動として認めながらも、独立国家建設には当初消極的だった。「独立国家の形式に進めば、かならず九国条約［と］の正面衝突を喚起すべし」（「犬養毅書簡」『近代日本の政治指導』）との判断からであった。中国の領土保全を定めた九ヵ国条約に抵触する可能性が強いとみていたのである。

このような状況のなかで犬養は、「できるだけ軍部を押さえ時局を精々急速に始末したし」（『牧野伸顕日記』）として、陸軍長老の上原勇作元帥の協力を得るべく接触を試みた。上原の力によって軍の統制を回復し、それを契機に関東軍の暴走を抑制しようとしたのである。だが上原は面会を避け協力を拒否した。

このような犬養の動きを、一夕会員の小畑敏四郎作戦課長は森恪からの情報でつかんでいた。そして、真崎参謀次長にも「犬養、芳沢、高橋の三人は、上原元帥、宇垣大将を動かして軍部の横暴を制せんとす」、と伝えていた（『真崎甚三郎日記』）。さらに犬養は、天皇への上奏によって、過激な少壮将校三〇人程度を免官処分にすることを試みようとしたようであるが、結局実現しなかった。

こうして犬養内閣は、三月、閣議決定「満蒙問題処理方針要綱」において、ついに独立国家建設の方向を基本的に了承した。だが、犬養自身は、国際社会への考慮から、なお満州国の正式承認には消極的な態度をとり続けた。承認を回避することで国際的摩擦を最小限にくいとめようとしたのである。

大阪朝日新聞

不再錄號外發行

未曾有の帝都大不穩事件

狙撃されて重傷の
犬養總理大臣遂に逝去

輸血も效なく昨夜十一時過

政界の巨星、兇彈に斃る

十五日午後五時半首相官邸で七名の一團に射撃され重傷を負うた犬養首相は輸血の效もなく午後十一時過ぎ全く危篤に陥り十一時二十六分遂に逝去した。

鈴木侍從長
天機を奉伺

各閣僚の暇乞ひ
近親者一同の温やかな通夜

五・一五事件を報じる新聞記事
（『大阪朝日新聞』1932年５月16日付）

だが、満州国の承認は、陸軍にとって極めて重要な意味をもっていた。満州国内での日本側権限を正式のものとするためには、国家間の条約のかたちをとる必要があり、それには日本政府による満州国の承認を必須としたからである。したがって犬養の存在は陸軍にとって大きな障害だった。

　こうした犬養の軍部への対抗姿勢や満州国承認への消極的態度は、少壮軍人や極右勢力に強い反感を抱かせることとなり、五・一五事件が起こる。

　一九三二年（昭和七年）五月一五日、三上卓《みかみたかし》・古《こ》賀《が》清志《きよし》ら海軍青年将校および陸軍士官候補生、愛《あい》郷塾《きようじゆく》生などが、首相官邸、警視庁その他を襲撃、犬養首相を殺害した。

　この五・一五事件の直前、元老西園寺の側近原田熊雄は、

「軍の方では、犬養総裁がやたらに陛下のお力

によって軍を抑えよう抑えようという気持ちがあるといって、それに対する反感が非常に高まっている。」（原田『西園寺公と政局』）

との発言を残している。

かつてロンドン海軍軍縮条約問題のさいには、元老西園寺はじめ牧野内大臣、鈴木侍従長、一木宮内大臣など宮中側近グループは、浜口内閣を全面的にバックアップした。しかし、犬養内閣時には、彼らは「側近攻撃の空気を転換する」必要があると考えており、側近批判をかわすためにも、むしろ犬養自身の責任で直接天皇に働きかけるよう勧めている（『木戸幸一日記』）。

この変化には、閣僚や主要政党政治家、宮中側近の暗殺計画などを内容とする一〇月事件のインパクトもあったと思われる。一〇月事件後、その実行計画のなかには、牧野内大臣、一木宮内大臣、鈴木侍従長、河井侍従次長、関屋《せきや》（貞三郎《ていさぶろう》）宮内次官などの暗殺が含まれているとの情報が、彼らに伝えられていたからである（同右）。ただし、西園寺はじめ、牧野、木戸ら宮中側近は、天皇が何らかのかたちで陸軍首脳に制止的に働きかけることには、すでに否定的になっていた（原田『西園寺公と政局』）。したがって、犬養の試みは実際には実現しない可能性が高かったといえよう。

また、荒木陸相も、「犬養総裁には、何かにつけて陛下のお力によって軍を抑えつけようとするふうな気持ちがあるが、そもそもこれが軍の反感を買うもと」だと発言していた(同右)。

このことも含め軍部急進派の憎悪は犬養に集中し、犬養が狙われることになったのである。それが五・一五事件の一つの重要な背景だった。

犬養は、明治十年代に改進党結党に参加して以来、一貫して政党政治家の道を歩んできた。その間、国民党、革新倶楽部など少数党となっても志節を曲げなかった。しばしば党籍を変更した尾《お》崎《ざき》行雄《ゆきお》などと異なり、党派所属において頑強に筋を通した。そして、革新倶楽部の政友会への合同とともに政界を事実上引退していた。

だが、田中義一政友会総裁の死去後、政友会内の派閥対立から、やむをえず総裁に推戴されたのである。したがって党内政治基盤もきわめて脆弱なもので、彼の軍統制策や満州国への姿勢も、政友会多数から必ずしも好意的には受けとめられてはいなかった。

当時、政友会は、鈴木《すずき》喜《き》三郎《さぶろう》派、久原房之助派、床次《とこなみ》竹《たけ》二《じ》郎《ろう》派、旧政友(会)派などからなっていたが、犬養を総裁に推した党内主流の鈴木派や久原派は、むしろ軍に親和的だった。これに比し少数派で非主流の床次派や旧政友(会)派は軍に批判的で、政友会各派の犬養への関係と軍に対する態度とは、一種のねじれ現象を起こしていたのである。

有力政党の中枢を歩んできた浜口や若槻とは異なり、犬養は少数党の党首を長く務めていた関係で、政友会総裁や首相となっても、権謀術数や強引な政治手法も厭わなかった。その意味で犬養暗殺は、彼の政治家としての悲運が凝縮されたかたちで現れたものといえよう。

なお、五・一五事件の前、二月に井上準之助前蔵相が射殺され、三月に団琢磨《だんたくま》三井合名理事長が同様に射殺される事件が起こっている。井上日召《いのうえにっしょう》の主宰する血盟団《けつめいだん》による犯行だった。五・一五事件は、一面でこれに続くものだった。

古賀・三上らの海軍将校と井上らの血盟団とは国家改造運動で繫がりをもっていた。彼らは、陸軍の大岸頼好《おおぎしよりよし》・菅波三郎《すがなみさぶろう》・安藤輝三《あんどうてるぞう》・村中孝次《むらなかこうじ》ら国家改造派隊付青年将校とも関係していた。大岸・菅波らは五・一五事件には自重して加わらなかったが、古賀・三上らの行動自体は容認していた。一部の陸軍首脳も、事前に計画を知っていたが阻止に動いていない。

事件後、五月二二日、元老西園寺は後継首班に海軍出身の斎藤実《さいとうまこと》元朝鮮総督を奏薦。二六日、斎藤内閣が成立し、政党内閣の時代は終わりをつげる。そして、九月一五日、斎藤内閣は満州国を正式に承認する。

陸軍への政治の屈服

では、なぜ西園寺は、政党党首でなく、斎藤を後継首班としたのだろうか。

西園寺は、かねてからイギリス型の議院内閣制を理想としており、原則として衆議院で多数をしめた政党の党首が政権を担当し、その内閣が政治的理由によって辞職した場合は第二党が政権に就くべきと考えていた。また、テロや陰謀によって政権を移動させるべきではないとの見解だった。

事件後、五月一七日、鈴木喜三郎内相が後継の政友会総裁に決定した。鈴木貞一軍事課支那班長の日記によれば、同日、西園寺秘書の原田は、「西公［西園寺］は、鈴木内相を首班として挙国一致的内閣を作ることを考えあるがごときも、未定なり」、と鈴木（貞）に伝えている。一八日も、原田は鈴木（貞）に、西園寺が「超然内閣となすことに同意せず」と電話している。ここでの超然内閣とは、政党党首を首班としない内閣のことを意味する。この頃には、西園寺は鈴木政友会総裁を後継首班にする可能性も考慮に入れていたと思われる。

だが、鈴木（貞）は、一六日に原田に後継内閣について意見を聞かれたさい、「後継内閣は政党本位ならざるを要す」と主張した。さらに一八日には、「政党内閣となすは直ちに不祥事を続発せしむるの危険大」だと伝えた（『「鈴木貞一日記」史学雑誌』第八七巻第一号）。

また、一六日、原田、近衛《このえ》（文麿《ふみまろ》）、木戸らが会食したさい、近衛から、小畑敏四郎参謀本部運輸通信部長の

「このさい再び政党内閣の樹立をみるが如きことにては、ついに荒木陸相といえども部内を統率するは困難なり。」（『木戸幸一日記』）

との意見が伝えられた。

一七日、鈴木（貞）は、原田、近衛、木戸らとの会食でも、「内閣が再び政党に帰するがごとき結果とならんか、第二第三の事件を繰り返すに至るべし」、と述べた（同右）。

同日、永田鉄山参謀本部情報部長も、原田・近衛・木戸と懇談し、「自分は陸軍の中にては最も軟論を有するものなり」としながら、次のように発言している。

「現在の政党による政治は絶対に排斥するところにして、もし政党による単独内閣の組織せられむとするが如き場合には、陸軍大臣に就任するものは恐らく無かるべく、結局、組閣難に陥るべし」（同右）

原田、木戸らから意見を聞かれた、永田、小畑、鈴木（貞）は、そろって政党内閣に否定的な意見を述べたのである。彼らはすべて一夕会員だった。永田の意見にみられるように、政党内閣排除は彼ら自身の考えであり、小畑や鈴木の発言は、一種の恫喝といえた。原田、木戸らに彼らを紹介したのは、公爵（井上馨家系）の井上三郎《いのうえさぶろう》陸軍省動員課長であり、井上は中央幕僚内での彼らの発言力を十分承知していたであろう。

これらは当然、西園寺にも伝えられたと思われる。永田、小畑、鈴木（貞）らの意見が西園寺の判断にどれだけ影響を与えたか不明だが、陸軍中央の中堅幕僚である彼らの見解は、一つの情報として西園寺にとっても軽視しえない意味をもっていたであろう。

荒木陸相も、五月二〇日、挙国一致内閣論（政党内閣の否定）を直接西園寺に伝えている。

その頃、政党党首以外の首班候補としては、斎藤実と平沼騏一郎が挙がっていたが、平沼は国本社を主宰するなど右翼的色彩が強く、西園寺から忌避されていた。

斎藤実

そして結局、海軍出身で穏健派の斎藤実元朝鮮総督が後継首班となったのである。この経過について、西園寺自身の発言が残されていないので、その意図は正確には分からない。だが、陸軍の意向を念頭に置き、前述した犬養内閣成立時と同様の考慮が働いたと考えられる。ただ、西園寺は、陸軍に親和的な鈴木政友会総裁の政治姿勢にも危惧の念をもっていたようである。

政友会、民政党もこの西園寺の判断を容認し、斎藤内閣に政友会から三名、民政党から二名の閣僚を送り込んだ。政党勢力は、選択肢として、元老の判断を拒否し、あくまでも議会で多数を占めた政党の党首を、首相として元老に「押しつける」ことを追求する方向（議会制的君主制の推進。拙稿「戦間期政党政治と議会制的君主制の構想」『思想』第九九六号、参照）もありえた。だが、そうはしなかったのである。政党政治は、これまで議会政党と元老西園寺との協力によって進んできた。陸軍の重大な脅威をうけているこの時点で、これまで協力してきた西園寺の判断を拒否し、それと敵対関係に入ることは、極めて困難だっただろう。

こうして政党内閣は中断し、満州国も正式に承認されることとなる。その後、政党内閣復活の動きもあり、陸軍内部でも深刻な派閥対立が生じるが、結局、政党内閣への復帰は実現しなかった。その結果、議会政党が内閣を掌握し政治を行う政党政治は、斎藤内閣の成立をもって終焉することとなる。

このようにして成立した斎藤実内閣は、九月一五日、日満議定書を調印し満州国を正式に承認した。衆議院は、すでに六月一日に満州国早期承認を全会一致で決議していた。

満州国承認直後に発行された『外交時報』一〇月号に、永田は「満蒙問題感懐の一端」

と題する文章を寄稿し、次のように論じている。

「現下［は］……多年にわたる悖理《はいり》非道きわまる排日侮日の行蔵に忍従しきたった我国が、暴戻なる遼寧軍閥の挑発に……破邪顕正の利刃をふるう正《まさ》にその所ではないか。……正しい国是を標榜して生れた満洲国に、善隣の誼《よしみ》をつくし、相よって東洋永遠の平和を招来せんとする行為が、東洋の盟主をもって任ずる日本の使命でなくて何んであろう。神国日本の精神文明を歩一歩他に及ぼして行くこと、それは正しく我が肇国《ちょうこく》以来の理想である。さらにまた、民族の生存権を確保し福利均分の主張を貫徹するに何んの憚かる所があろうぞ」

満蒙権益は日本民族の「生存権」とかかわる。中国側の態度からして、今後その反抗は熾烈になるだろうが、それには生存権確保の観点から断固対処する。

これが永田にとっての満州事変の公式的な一評価であったといえよう。そして事態は国際連盟脱退へと進んでいく。

4　国際連盟脱退と熱河作戦

賛成四二、反対一

一九三二年（昭和七年）一〇月二日、日本軍の行動および満州国は承認できないとする、国際連盟リットン報告書が公表された。斎藤内閣は、すでに八月二七日に、場合によっては連盟脱退も辞せずとする方針をうちだしていた。翌年二月一四日、リットン報告書の審議を付託された連盟一九人委員会は、リットン報告書採択・満州国不承認の報告案を決定。これをうけ、斎藤内閣は、報告案が総会で可決された場合には連盟を脱退することを閣議決定した。

陸軍中央も、満州事変は自衛権の発動であり、満州国樹立は中国内部の分離運動によるものだ、との日本側の主張が認められなければ、連盟脱退もやむなしとの判断だった。

二月二四日、連盟総会は、一九人委員会の報告と撤退勧告案を、賛成四二、反対一（日本）、棄権一で採択し、松岡洋右《まつおかようすけ》以下日本代表団は即座に退場した。そして、三月二七日、国際連盟脱退が正式に通告された。

永田は、連盟脱退には当初慎重だった。前年秋頃には、「連盟の最後の審判」が近づいているが、日本は「求めて国際的孤立に陥る」必要はなく、むしろ力を尽くして連盟の「認識不足を補正すべき」だとしていた。つまり満州事変は自衛権の発動であり、満州国樹立は中国内部の分離運動によるものであるとの日本側の主張を、連盟に了解させるよう努めるべきだと考えていたのである。

しかし、その時でも、「最悪の場合」も考慮しておかなければならないとしていた。日本の「正しき所信」が理解されず、「不当無理解なる妨害圧迫」が加えられるならば、「断固として」これを排し、自らの道を「邁進」しなければならない、と。暗に連盟脱退もありうることを示唆していた（永田「満蒙問題感懐の一端」）。

連盟脱退時の永田の動向については資料的に確認できないが、特段の批判や抵抗の姿勢を示した形跡はみられない。満州事変は自衛権の発動だとの日本側の主張が認められなかった以上、やむをえないものと考えていたからだろう。

なお、連盟脱退については、次に述べる陸軍の熱河作戦実施により連盟除名の恐れがあり、それを避けるために、機先を制して脱退に踏み切ったとの解釈がある。確かに斎藤首相はそれを思わせるような発言をしている。ただ、閣議決定は、総会での勧告案可決そのものによって脱退するとの趣旨であり、連盟脱退の経緯については、この間の内閣の動きをもう少し詳細に検討する必要があるだろう（臼井勝美『満州国と国際連盟』、参照）。

続く軍事侵攻

満州国は、形式的には、東三省のみならず、内モンゴル東部の熱河省（長城北側）も領域内に含むかたちになっていた。しかし、熱河省は、実際上はなお張学良勢力の強い影響下にあり、関東軍はそこを満州国に編入しようとしていた。しかし陸軍中央は、関東軍の熱河編入の方針を認めていたが、連盟脱退前は、国際的な考慮から軍事的な侵攻を許可していなかった。

一九三二年（昭和七年）一〇月一日、長城東端の山海関で関東軍と中国軍が衝突する事件がおこった。永田は、その直後、この問題に対処するため、参謀本部情報部長として奉天へ派遣された。関東軍は、親日系の人物を熱河省長に擁立し、それが張学良と衝突すれば日本軍が介入するとの謀略計画「熱河経略平定案」を示したが、永田は同意しなかった。連盟への考慮があったものと思われる。

永田は、一〇月二八日にも情報部長として、板垣奉天特務機関長とともに弘前第八師団が駐留する錦州を訪れ、そこで「軍の対熱［熱河省］経略方針」に関する検討をおこなっている。三日後の三一日には、天津の支那駐屯軍司令部において、永田の主宰のもとに諜報武官会議が開かれ、「対熱問題は関内に対する謀略と相俟《ま》ちて漸進的に実行するを可とする」との結論となった（『第八師団熱河経略経過概況』防衛省防衛研究所所蔵）。

永田らは、漸進的にではあるが、熱河省の処理を天津など関内での謀略工作と呼応して実行する方針を申し合わせたのである。

なお、永田の錦州訪問の直前一〇月二四日、小磯国昭関東軍参謀長が錦州を訪れ、第八師団に熱河攻略を内示していた。

翌年の一月一日に山海関でまたもや日中両軍が衝突し、三日に日本軍が山海関を占領する事件が発生した。この衝突は、山海関守備隊（支那駐屯軍派遣）の謀略によって引き起こされたもので、事件の拡大を防止するため、陸軍中央は梅津美治郎参謀本部総務部長を天津に派遣した。そのさい、真崎参謀次長は梅津に、今北京天津地方で事をかまえることは、英米の「疑惑」や「嫌悪」を引き起こし満州問題の解決を困難にするとの注意を与えている（『真崎甚三郎日記』）。

このときの真崎の日記（一月四日）には、山海関事件に関し、「永田少将に謀略計画の経緯を確かめ……将来における浅慮の謀略を戒め」た旨の記述がある。これは、山海関事件の謀略に永田が直接関わっていたことを示すものではないが、その経緯は承知していたものと思われる。

二月一七日、斎藤内閣は、熱河省への軍事侵攻を承認。二四日の国際連盟の撤退勧告案可決（事前の閣議決定により連盟脱退が事実上確定）の前後から関東軍の熱河作戦が本格的に始まった。三月四日には省都である承徳《しょうとく》を占領し、一〇日前後には長城線に達した。

一方、天津特務機関長となった板垣征四郎は、当地で反蔣介石勢力によるクーデターを起こさせ、熱河作戦に呼応して親日満政権を樹立させるための謀略工作をおこなっていた。この謀略工作には、この種の工作を担当する参謀本部情報部長である永田が関係していた。

須磨彌吉郎《すまやきちろう》南京公使館書記官の当時の記録によれば、永田は、反蔣政権樹立の関係工作資金三〇〇万円程度を板垣に託し、「六月中には目的達成方努力すべし」との指示を与えている。そのさい永田は、「蔣介石は敵と看做《みな》す」とし、「日本の根本的要求に適せざる主義および党派は、これを［北支から］除くの外なし」との意見を述べている（須磨彌吉郎「北支見聞録」『現代史資料』第七巻）。しかし、結局この謀略工作は失敗し、反蔣政権樹立はならなかった。

関東軍は、四月一〇日には長城線を突破し、河北省内部に侵攻した。

しかし、一八日、昭和天皇から、関東軍は河北からまだ撤退しないのかとの下問をうけた真崎参謀次長は、翌一九日、「すみやかに兵を撤すべく、しからずんば奉勅命令下るべし」と関東軍に指示。同日、武藤信義関東軍司令官は長城外への撤退を命令し、部隊は長城線に撤収した。

だが、五月三日、関東軍はふたたび長城をこえて河北省に侵入。北京・天津方面に向かった。

この時（六日）、真崎参謀次長は、現北支政権を屈服させるか崩壊させるべきとの指示を含む、「北支方面応急処理方案」を北京・天津などの陸軍各機関に伝えている（「関東軍参謀部第二課機密作戦日誌抜粋」『現代史資料』第七巻）。そこでは、熱河省をふくめた満州国の安定的統治のため、「北支施策」とよばれる、北京・天津地区での親日満政権樹立をはかろうとする板垣らの謀略工作を容認していた。

その後も関東軍は進撃を続け、五月下旬はじめには、北京（北平）に数十キロの地点にまでせまった。五月二五日、中国側はついに日本側に停戦を求め、三一日、河北省東部に非武装地帯を設けることなどを定めた塘沽《タンクー》停戦協定が締結された。

一般に、ここまでが満州事変期とされる。

第６章　永田鉄山の戦略構想
——昭和陸軍の構想

永田鉄山。
「昭和陸軍」は、この人物の構想に基づいて創られた。

1　国家総力戦認識と国家総動員論

永田鉄山とはどのような人物か

では、陸軍の一夕会系中堅幕僚は、どのような考え方に基づいて満州事変を起こそうとしたのだろうか。その背景にどのような構想をもっていたのだろうか。

その点を、一夕会の中心的存在であり、満州事変以降の陸軍を主導した人物の一人として知られる、永田鉄山の戦略構想を検討することによって明らかにしておこう。

永田は、長野県諏訪《すわ》出身で、陸軍大学卒業後、大戦をはさんで断続的に合計約六年間、軍事調査などのためヨーロッパとりわけドイツ周辺に駐在した。その間、大戦の調査を主要な任務とする臨時軍事調査委員の一員にもなっている。

これらの時期、永田は国内では主に教育総監部に所属していた。その後、陸軍大学兵学教官、陸軍省軍務局軍事課高級課員、歩兵第三連隊長などをへて、一九三〇年（昭和五年）八月、陸軍省軍事課長のポストについた。満州事変の約一年前である。

その間、永田は、一九二六年（大正一五年）四月、若槻礼次郎憲政会内閣下に設けられた国家総動員機関設置準備委員会の陸軍側幹事となる（当時軍事課高級課員）。そして同一〇月発足した陸軍省整備局の初代動員課長に任命された。

それ以前から永田は、国家総動員関係の実務や講演などの活動に積極的に関わっていた。当時同様の仕事についていた軍事調査委員安井藤治《やすいとうじ》は、「総動員機関準備をリードしたものは陸軍であり、永田中佐であった」と回想している（『戦史叢書・陸軍軍需動員〈一〉』）。ちなみに、前年、宇垣軍縮による陸軍四個師団削減がおこなわれた。これは国家総力戦への対応を念頭に、師団削減によって捻出した財源で軍の機械化を推進しようとするもので、永田もこれに関係している。

他方で永田は帰国後、陸軍中央の中堅幕僚を中心に、二葉会、一夕会を組織し、木曜会にも加わり、それらの指導的存在となっていた。

満州事変後も、参謀本部情報部長、陸軍省軍務局長として陸軍中枢の要職にあったが、一九三五年（昭和一〇年）八月、軍務局長在任中に執務室で殺害される。二・二六事件は翌年、日中戦争突入はその翌年である。

第一次世界大戦の衝撃

では、永田はどのような構想をもっていたのだろうか。

ヨーロッパ滞在中直接経験した第一次世界大戦から、永田は大きなインパクトをうけた。

第一次世界大戦は、一九一四年（大正三年）七月から一九一八年（大正七年）一一月まで、四年半近くの長期にわたって続いた。それは、膨大な人員と物資を投入し巨額の戦費を消尽したのみならず、戦死者九〇〇万人、負傷者二〇〇〇万人に達する未曾有《みぞう》の規模の犠牲と破壊をもたらした。

永田も、このたびの「欧州大戦」は、「有史以来未曾有の大戦争」であり、参戦国世界三二ヵ国、参加兵力六八〇〇万人、損耗した兵員一二〇〇万人、戦費三四〇〇億円にのぼる、と認識していた（永田「国防に関する欧州戦の教訓」、参考文献参照。永田の論考については以下同様）。ちなみに、当時の日本の年間国家予算は約一〇億円だった。

そこでは、戦車、航空機など機械化兵器の本格的な登場によって、戦闘において人力より機械のはたす役割が決定的となった。そこから、兵員のみならず、兵器・機械生産工業とそれをささえる人的物的資源を総動員し、国の総力をあげて戦争遂行をおこなう国家総力戦となったのである。

また今後、近代工業国間の戦争は不可避的に国家総力戦となり、また、その植民地、勢力圏の交錯や提携関係によって、長期にわたる世界戦争となっていくことが予想された。

永田も、今後、列強間の戦争は国家総力戦となると考えており、そこから、国家総動員の計画と準備が必須だと主張する。
永田は、大戦によって戦争の性質が大きく変化したことを認識していた。すなわち、戦車・飛行機などの「新兵器」の出現と、その大規模な使用による機械戦への移行。通信・交通機関の革新による「戦争の規模」の飛躍的拡大。それらを支える膨大な「軍需品」、軍需物資の必要。これらによって、戦争が、「国家社会の各方面」にわたって、戦争遂行のための動員すなわち「国家総動員」をおこなう、「国力戦」（国家総力戦）となったとみていた。

「国家総動員という事柄は、過ぐる世界大戦において始めて行われた。……物的資源の総動員という意味合においては、他の各国の戦においても、我国の過去における戦においても、とうてい過般の世界大戦に比較すべくもない程度である。」（永田「国家総動員準備施設と青少年訓練」）

そして、機械化兵器の大規模な使用による犠牲者の急激な増大と、国家総動員による戦争の「執拗」化、深刻化が、逆に途中講和を困難にし、戦争を長期化させるとみていた。日露戦争のように、短期決戦ののち講和し戦争を終結させることがほとんど不可能となり、徹底的に戦われるようになったというのである。

そして、今後、先進国間（日本も含む）の戦争は、勢力圏の錯綜や国際的な同盟提携など国際的な政治経済関係の複雑化によって、世界大戦を誘発すると想定していた。

そこから永田は将来への用意として、次のように、国家総力戦遂行のための準備の必要性を主張する。

これまでのように常備軍と戦時の軍事動員計画だけで戦時武力を構成し、これを運用するのみでは、「現代国防の目的」は達せられない。さらに進んで、「戦争力化」しうる「人的物的有形無形一切の要素」を統合し組織的に運用しなければならない。

「往時のごとく単に平時軍備に加うるに、軍動員計画をもって戦時武力を構成し、これを運用したのみでは、現代国防の目的は達し得られない。……必ずやさらに進んで、いやしくも戦争力化し得べき一国の人的物的有形無形一切の要素を統合組織運用して……ここにはじめて国防施設の完備を称《とな》うることができるのである。換言すれば、国家総動員の準備計画なくしては、現代の国防は完全に成立しないのである」

（永田「現代国防概論」）

つまり、大戦における欧米の総動員経験の検討からして、戦時の軍動員計画のみならず平時における国家総動員のための準備と計画が必要だという。

永田によれば、国家総動員とは、「国家が利用しうる有形無形人的物的のあらゆる資源」を組織的に動員・運用し、「最大の国家戦争力」を発現させようとするものだった。そのために平時からその準備を行い、戦時に「軍の需要を満たす」とともに「国民の生活を確保」するよう必要な計画を策定しておかなければならないとされる。

国家総動員の具体的内実は、「国民動員」「産業動員」「交通動員」「財政動員」「その他の動員」からなる。国民動員には、兵員としての動員や、産業動員・交通動員などのための人員の計画的配置がふくまれる。またその他の動員としては、科学動員、教育動員、精神動員などがあげられている。

永田は、さらに、この国家総動員のための平時における準備として、資源調査、不足資源の確保、総動員計画の策定、関係法令の立案などの必要を指摘している。ことに不足資源の確保、すなわち戦時にむけた資源自給体制の整備確立の問題が重視されている（永田『国家総動員』）。

すべてを戦争のために

この永田の国家総動員論について、いくつか注意をひかれる点についてふれておこう。

まず、国民動員は、軍の需要および戦時の国民生活の必要に応じるため、人員を統制・調整し、有効に配置することを意味する。必要な場合には、「国家の強制権」によって労務に服させる「強制労役制度」を採用することも指摘されている。他方、女性労働力の利用のため、託児所設立の必要などにもふれている。

産業動員は、兵器など軍需品および必須の民需品の生産・配分のため、生産設備・物資・資源を計画的に配置することである。それに関連して、動員時の統一的使用が可能なように工業製品の規格統一をはかること、軍需品の大量生産に応じうる生産・流通組織の大規模化の推進、などが主張されている。永田のみるところ、産業組織の大規模化・高度化は、国家総動員に有利なだけではなく、平時における工業生産力の上昇、国民経済の国際競争力の強化にもつながるものだった。

このことに関連して、ドイツにおいて大戦中、農業生産力向上の観点から農業労働者の地位の改善がおこなわれたことに、肯定的に言及している。このような視点は、後述する、永田らの『国防の本義と其強化の提唱』にも引き継がれ、無産政党の一部幹部が、永田らに接近する一要因となっていく。

また精神動員について永田は、国民にたいして極度の「犠牲的奉公心」を要求することを指摘し、したがって常に「国民精神の緊張鼓舞」の必要を強調する。この精神動員との関連で、対外対内両面での「諜報」「宣伝」などを含めた情報統制、報道統制が国家総動員にかかわる重要な要素として位置づけられている（永田『国家総動員に関する意見』）。

さらに、中高等学校や青年訓練所における軍事教練について、それを「国家総動員準備の一つ」として評価を与えている。

一九二五年（大正一四年）宇垣一成陸相（加藤高明護憲三派内閣）のもとで、四個師団削減の陸軍軍縮とともに現役将校配属による学校教練（中等学校以上）が導入された。また、翌年、学校生徒以外の一般青少年に兵式教練をおこなう青年訓練所が設置される。それとともに、在営年限がそれぞれ一年および一年半に短縮された。

このような「青少年訓練」について永田は、「国民総武装」を目的とするものではなく、その趣旨は「平時戦時を問わず国家に十分貢献の出来るような精神と体力とを有する人材を養成」することにあるとする。つまり単なる軍事動員のためのものではなく、国家総動員に備えるためのものだ、というのである。

それは軍隊だけではなく、「凡《あら》ゆる方面に対して従来よりも良材を送り出す」ためのものである。また、陸軍も軍隊教育上の負担の一部を軽減されるゆえに、在営年限を短縮することができ、「国民の世論であった兵役の負担軽減」が実現される。こう永田は青少年訓練の実施とそれにともなう在営年限の短縮を肯定的にとらえ、それを推進しようとしていた（永田「国家総動員準備施設と青少年訓練」）。

ちなみに、荒木貞夫や真崎甚三郎ら（のちの皇道派）は、軍縮や在営年限短縮などの処置について、「戦備と教育に大欠陥を生ぜしめ」「軍の威信失墜はこれより始まった」との認識で、否定的な姿勢だった（「真崎甚三郎書簡」『上原勇作関係文書』）。

また、永田は、平時の国家総動員中央統制事務機関として「国防院」の設置を主張している。長官には、大臣格の人物を任用し、そのもとに国民動員・産業動員その他の総動員業務を主管する部局を置く。その職員には、それぞれ文官とともに陸海軍からも適任者を任命する、と。すなわち軍人が軍事動員のみならず、各種の動員計画にコミットすることになっている。この「国防院」は、戦時には、大臣以上の有力者を長官とするなど一定の変更を加えて、総動員中央統制機関となることが想定されている（永田『国家総動員に関する意見』）。

このような平時の国家総動員機関は、一九二七年（昭和二年）、田中義一政友会内閣のもとで内閣資源局として実現した。資源局は、陸海軍からも各課にスタッフとして人員が配置され、翌々年から毎年「国家総動員計画」を作成している。ただ、この資源局の設置は、フランス軍のルール占領に端を発した、フランス国家総動員法制定（一九二四年議会提出、一九二七年成立）など欧米の動向に対応したものでもあった。フランスのほかには、一九二六年にアメリカ国家総動員法案が議会両院軍事委員会に提案され、また翌年、イタリア国家総動員令が制定されている。

以上のように永田は国家総動員に関する議論を展開している。

「長期持久戦」としての戦争

そのほか彼が第一次世界大戦からどのような軍事的教訓をひきだしているか、国家総力戦の問題とかかわらせながら、もう少しみてみよう。

まず、大戦以降の戦争は、これまでとは異なり、「長期持久」となる場合が多いことを覚悟しなければならないという。

「方今の戦争は昔日のものとは大いに趣を異にし、長期持久にわたる場合が多いと覚悟しなければならず、武力のみによる戦争の決勝は昔日の夢と化して、今や戦争の勝敗は経済的角逐《かくちく》に待つところが甚《はなは》だ大となってきている。」（永田「国防に関する欧州戦の教訓」）

現代の戦争は長期の持久戦となる可能性が高いため、経済力が勝敗の決定を大きく左右すると指摘しているのである。

したがって、中国やロシアのように現在弱体な国でも、潤沢な「資源」をもち、有力諸国から「援助」を受ければ、徐々に大きな「交戦能力」を発揮するようになりうる。しかも、交通機関の発達や国際関係の複雑化により、「敵に遠近なく」、随所に敵対者が発生することを予期しておかなければならない。それゆえ、従来のように近隣諸国の事情や仮想敵国の観念にとらわれるのではなく、「世界の何れの強国をも敵とする場合ある」ことを予想し、それに備えなければならない。こう永田は主張している。

「一国の対外政策あるいは国防力が時により急変すること、並びに国際関係が朝に夕を測るべからざることは、這回《こんかい》の世界の変局が吾人に示した大なる教訓の一つである。……至近隣邦の事情、従来唱えられたる予想敵［仮想敵国］の観念などに囚えられて兵力を決しようというのは妄想といわねばならぬのである。即ち、今や吾人は世界の何れの強国をも敵とする場合あるを予期し……最大限の兵力を運用するの覚悟を要するのである」（永田「国防に関する欧州戦の教訓」）

すなわち、それまで陸軍はおもにロシアを仮想敵国としてきた。だが今後は、そのような観念にとらわれるべきでないというのである。

もちろん一国ですべての強国を敵とする可能性を考え、それに備えよと主張しているわけではない。そのようなことが不可能なのはいうまでもない。

永田は、今後列強間の戦争は、第一次大戦と同様に、「数国対数国の連合の角逐」「数国連盟の角逐」すなわち同盟・提携関係を前提としたものになると予想していた。

つまり、同盟・提携関係の存在（日本も含まれる）を前提に、国際関係や戦局の展開によっては、ロシアのみならず、米英仏独などの強国でも敵側となる可能性がありうる。したがって、それに対応しうる準備が必要だというのである。

仮想敵国を特定しないということは、逆に言えば、あらかじめ特定の国との提携を前提とするのではなく、同盟・提携関係におけるフリー・ハンドを意味している。この点は永田の戦略構想において軽視しえない意味をもっており、後述する宇垣一成の構想と比較して興味深いところである。

なお、ここで注意をひくのは、弱体とされる中国が、戦争の過程で有力諸国からの援助によって、大きな「交戦能力」を発揮する可能性があることを指摘している点である。のちの日中戦争の展開を考えるとき、きわめて示唆的なところである。

このように世界の強国との長期持久戦をも想定するとすれば、永田のみるところ、日本の版図内における国防資源は極めて貧弱である。それゆえ、なるべく「帝国の所領に近い所」に、この種の資源を確保しておかなければならない（永田「国防に関する欧州戦の教訓」）。この不足資源の確保・供給先として、永田は満蒙をふくむ中国大陸の資源を念頭においていたが、この点は彼の対中国政策と関連してくる。

軍事生産力の向上

つぎに永田は、大戦において、戦車、飛行機、大口径長距離砲、毒ガスなど新兵器によって「物質的威力」が飛躍的に増大し、それへの対応が喫緊の課題となるとみていた。

これらの新兵器はきわめて強大な破壊力を有し、その威力にたいしては、旧来の兵器のままでは、いかに十分な訓練を受けた優秀な将兵でも、全く対抗できない。

最新の兵器など装備・編制のうえで充分な備えがなければ、将兵がいかに奮戦しても、「新鋭なる火器」によって甚大な被害を受ける。しかも、それによっても何ら戦果をあげえないというような「懼《おそ》るべき情況」に陥ることになる。

したがって、新兵器など装備の改良とそれに対応する軍事編制の改変、強力な兵器の大量配置によって、「軍の物質的威力の向上利用」を図らなければならない。

ことに飛行機の進歩とその広範な利用は、軍の編制・装備・戦略などを一変し、飛行機の数・性能が戦いの行方を左右することとなってきた。また戦車も、歩兵の戦闘ことに堅牢な陣地の攻撃に必須の兵器として不可欠なものとなってきている（永田「国防に関する欧州戦の教訓」、同『新軍事講本』）。

このように永田は、大戦における兵器の機械化、機械戦への移行を認識しており、それへの対応が国防上必須のことだと認識していた。またそれらの指摘は、日本軍の旧来の白兵戦主義、精神主義への批判を内包するものでもあった。

だが、永田のみるところ、このような軍備の機械化・高度化をはかるには、それらを開発・生産する高度な科学技術と工業生産力を必要とする。ことに戦車、航空機、各種火砲とその砲弾など、莫大な軍需品を供給するためには「大なる工業力」を要する。

すべての工業は軍需品の生産のために、ことごとく転用可能である。したがって、一般に「工業の発達すると否とは国防上重大な関係」がある。そう永田は考えていた。機械化兵器や軍需物資の大量生産の必要を重視していたのである。

では、日本の現状は、そのような観点からして、どうだろうか。

まず、飛行機、戦車など最新鋭兵器の保有量そのものについて。

永田によれば、大戦終結時、飛行機は、フランス三二〇〇〇機、イギリス二〇〇〇機、ドイツ二六五〇〇機などに対して、日本約一〇〇機。欧州各国と日本との格差は、二〇倍から三〇倍である。その後も日本の航空界全体の現状は、「列強に比し問題にならぬほど遅れて居る」状況にあり、じつに「遺憾の極《きわ》み」だという。

戦車は、一九三二年（昭和七年）段階でも、アメリカ一〇〇〇輛、フランス一五〇〇輛、ソ連五〇〇輛などに対して、日本四〇輛とされる。その格差は歴然としている。

各国の工業生産力比較については、大戦時に独仏英が一日に使用した砲弾数三〇〜四〇万発に対し、日露戦争全期間での日本軍の砲弾使用量約一〇〇万発との指摘をしている。日露戦時日本軍の全使用量は、大戦時独仏英使用量のわずか三日分である。

一般に、この日本軍の数値は当時の国内砲弾生産力の限界に達したものとされており、列強諸国と日本との驚くべき軍事生産力格差を示唆している。しかも、英仏独露の大戦時砲弾日製量を比較し、大戦でのロシアの敗因について、その「軍需工業生産力」がすこぶる低く、それによる兵器弾薬の不足によるものだとみていた（永田「国防に関する欧州戦の教訓」、同『新軍事講本』、同『国家総動員に関する意見』）。

ちなみに、工業生産力については、同時期、永田もその一員だった臨時軍事調査委員グループで、大戦開始前一九一三年時点での日本を含め各国の工業生産力比較がなされている(『物質的国防要素充実に関する意見』、一九二〇年)。

それによると、たとえば、鋼材需要額で、日本八七万トン、アメリカ二八四〇万トン(日本の三二・六倍)、ドイツ一四五〇万トン(一六・七倍)、イギリス四九五万トン(五・七倍)、フランス四〇四万トン(四・六倍)だった。臨時軍事調査委員だった永田も当然この数値は承知していた。なお当時鋼材需要額が工業生産力(工業化水準)評価の一つの重要な指標とみなされていた。

このように永田は、欧米列強との深刻な工業生産力格差を認識し、工業力の「貧弱な」現状は、国家総力戦遂行能力において大きな問題があると考えていた。したがって、「工業力の助長・科学工芸の促進」が必須であり、国防の見地からして重要な工業生産、とりわけ「機械工業」などの発達に努力すべきとしていた。

そしてそれには、国際的な経済・技術交流の活発化による工業生産力の増大、科学技術の進展、さらには「国富」の増進をはからなければならないという。生産力増強の観点から、「国際分業」を前提に、対外的な経済・技術交流、国際的な交易関係の推進が必要だとしているのである。

だが他方、永田は、戦時への移行プロセスにさいしては、戦争による通商途絶などへの考慮から、国防資源の「自給自足」体制が確立されねばならないとの考えだった。国際分業を前提とした資源輸入ではなく、資源自給が必要とされる。とりわけ不足原料資源の確保が、天然資源の少ない日本においては、最も重要なことの一つと位置づけられている。

この原料資源確保を重視する観点は、ドイツが四年半にもわたって継戦することが可能だったのは、連合国側の重要な油田・炭田・鉄鉱地などを占領し、それらの資源を確保しえたことによるとみていたからだった。また、その敗戦の原因となったのも、必要資源の自給体制が整っていなかったからだ、との判断に立っていた。

そこから永田は、国防に必要な諸資源について、国内にあるものは努めてこれを保護する。それとともに、国内に不足するものは何らかの方法で対外的に「永久にまたは一時的にこれを我の使用に供しうるごとく確保」することが、国防上緊要だという。そして、「純国防的」な見地からすれば、国防資源の「自給自足が理想」だと主張する（永田「国防に関する欧州戦の教訓」、同『国家総動員に関する意見』、同「現代国防概論」）。

平時は、工業生産力の発達をはかるため、自給自足ではなく、国際分業を前提に、欧米や近隣諸国との貿易や技術交流が必須だと永田は考えていた。したがって、外交的には国際協調の方向が志向されることとなる。

それが国際協調をとる政党政治に協力的であった宇垣軍政に、ある時期まで永田が政策上必ずしも否定的でなかった一つの要因だった。ただし、それは政策上職務上のことであり、すでにみたように、内心では長州閥に連なる宇垣への対抗姿勢は一貫していた。

だが、実際に戦争が予想される事態となれば、国家総力戦遂行に必要な物的資源の「自給自足」の体制をとることが必須となる。とりわけ不足原料資源の確保の方策をとらなければならない。これが永田のスタンスだった。

以上のような認識をベースに、もし今後本格的な戦争が起こるとすれば、「国を挙げて抗敵する覚悟」を要し、それには「国家総動員」が求められる。それが永田の基本的な主張だった。

2 常備兵力と戦闘法

欧米との比較から

さらにまた、永田は、大戦における欧米の経験をふまえ、戦時および平時の必要兵力の問題を検討している。

永田によれば、大戦での列強諸国の戦役統計から推計して、日本の場合、対人口比による戦時理想兵力数は、長期戦（約四年間）の場合、二五〇万である。だが、約一〇年後（一九三〇年頃）の工業生産力推計は、鋼材需要額で約二〇〇万トンとなる。これは、大戦時約二〇〇〇万の野戦軍を動かした、フランスの鋼材需要額四〇〇万トンの半分にすぎない。これでは長期戦の場合における、理想兵力の約半数に軍需品を供給することもできないレベルである。したがって、長期戦を想定した場合、使用しうる兵力は、理想兵力二五〇万よりはるかに低い水準に止まらざるをえない。日本と人口構成や地理的軍事環境の類似するフランスやドイツの場合、開戦当時、平時兵力の二倍ないし二・五倍の動員を実施している。日本の場合、戦時理想兵力二五〇万、師団数にして一二〇ないし一三〇個師団から逆算して、平時五〇ないし六〇個師団となる。

それゆえ、さきの工業生産力の事情から、もし実際の野戦兵力を戦時理想兵力の半分と推計すれば、平時の常備兵力として二五ないし三〇個師団を設置しておかなければならない（永田「国防に関する欧州戦の教訓」）。こう結論づけている。

ちなみに、この数字は、山県有朋参謀総長の強い影響下で制定された、一九〇七年（明治四〇年）第一次国防方針における所要兵力、平時二五個師団・戦時五〇個師団に近い。また大戦末期の一九一八年（大正七年）第二次国防方針下での平時二一個師団・戦時四〇個師団よりもはるかに多い。ただ、ここで注意すべきは、第一次国防方針では仮想敵国ロシアの兵力量を基準に、また第二次国防方針では現状の師団数をそのままに、所要兵力が決定されたことである。それに対して、永田の場合、基本的には工業生産力が基準となっている。したがって、その数値は工業生産力によって変動しうるものだった。

それゆえ平時師団数を二一個師団から一七個師団へと削減するとともに軍の機械化を推進しようとした宇垣軍縮（一九二五年）についても、永田は必ずしも否定的ではない。むしろ、「後方から弾の続いてこない沢山の兵隊を戦線に並べるということは無意味」だとして、工業生産力の裏打ちのない兵員数の拡大にたいしては批判的だった。

ちなみに、太平洋戦争中の動員兵力は四〇〇万を超える。そのような戦略は、永田の見地からすれば、工業生産力の裏打ちを欠いた、それゆえ兵員に必要な兵器が供給されない「無意味」なものだったといえる。

他方で、当時ジャーナリズムや政党内部から提起されていた、平時常備兵力の大幅縮小を主張する議論にも、永田は、はっきりと反対の姿勢をとっていた。

永田はいう。

日本は、軍事地理上の事情や、必要資源を海外から確保する必要などから、開戦劈頭においで枢要な戦略目標を一挙に達成しておかなければならない境遇にある。

欧米諸国との交戦となった場合、アメリカもしくはヨーロッパから東アジアに派遣される兵力の集中が十全におこなわれる前に、それらを撃破する必要がある。また、欧米と連携した近隣国たとえば中国やロシアなどと開戦にいたった場合は、欧米からの援軍が到着するに先だって、近隣国軍を制圧し資源なども確保しておかなければならない。

それには、戦時において「国軍の骨幹」となりうる「精鋭なる軍備」を平時から常備兵力として保持しておかなければならない。また、それが開戦時の急激な戦略的需要にたいして対応できるよう、充分な装備と兵員をもつかたちで整備されていることが不可欠である。

たとえばフランスは、強大な国と国境を接しており、また資源も比較的少ない。したがって、開戦後なるべく速やかに勝利の方向を決すべく、「速戦速決」の方針にもとづき比較的大規模な常備軍を擁している。日本もまた、列強諸国の利害の錯綜する「東洋のバルカン」ともいうべき中国や、「赤いロシア」に隣接し、資源も貧弱で、フランスの国情に似ている。したがって同様に「速戦速決」が必要であり、即時動員の可能な、相当規模の常備兵力を平時から擁しておく必要がある、と。

このような観点から、平時兵力の大幅な縮小には反対していたのである。

その上でさらに、今日の戦争の性質からして、「常に必ずしも速戦速決ということは望み難く、戦争が持久戦に陥るという場合をも覚悟せねばならぬ」という。このことは「世界大戦が吾人に残した最も大きな教訓の一つ」で、それゆえ常備兵力のほか、「持久的長期戦」に対応できるよう、国家総動員の準備と覚悟が不可欠だ、と主張していた（永田

「国防に関する欧州戦の教訓」、同『国家総動員』、同『新軍事講本』、同「現代国防概論」)。

すなわち、日本は国際環境や自然条件から、まずは「速戦速決」の戦略をとらざるをえず、そのため平時から相当強力な常備兵力を整えておかなければならない。だがそれのみならず、世界大戦の経験からして、長期持久戦となる場合も想定しての準備と計画が必須である。永田はそう考えていたのである。

国民の「主体的コミットメント」の涵養

ところで、さらに興味をひかれる点は、永田が大戦における戦闘方法の大きな変化に注意をむけていることである。

永田によれば、大戦前の戦法は、散兵《さんぺい》形状で敵に接近して、小銃によって敵を圧倒し、肉弾の集団的威力で一挙に敵陣に突入する「散開戦闘法」「散開戦法」だった。だが大戦において戦法の根本的革新がおこり、「疎開《そかい》戦法」が一般的となった。

大戦における、各種機関銃・野戦重砲など火器の威力、それらの使用量の急速な増大は、それまでの散開戦法を破砕し、戦法を「一変」させた。新たな戦闘法は、重砲や機関銃による兵の損耗を避けるため、散兵の間隔を数倍に増加させ、かつ諸所に「軽機関銃」を配置。これを核に「きわめて希薄の隊形」で敵陣に肉薄する戦法、すなわち疎開戦法である（永田「国防に関する欧州戦の教訓」、同『新軍事講本』）。

ここでの疎開戦法とは、一般には戦闘群戦法といわれるもので、第一次大戦において欧州各国の陸軍が採用した戦闘法である。従来はある程度散開しながらも、中隊単位で比較的密集して闘う形態をとっていた。だが、それでは格段に威力を増した敵砲火器類による被害が甚大となった。

そこで、携帯型軽機関銃を中核として兵十数名が傘《かさ》型となり分隊単位の戦闘群として行動し、また各兵の間隔を六歩前後に拡散させる戦法が採られるようになった（従来は一〜二歩間隔）。永田はこの欧米諸国がとった戦闘群戦法を念頭においていた。

永田のみるところ、この戦法では、疎開状態のままで敵陣に突入するため勝敗を一気に決することは困難で、敵味方が錯綜した「紛戦《ふんせん》」となり「混戦乱闘」を続けることとなる。そこでは、各部隊間の連携は断絶し、統一的指揮は困難で、単独兵もしくは小戦闘群が敵味方とも入り乱れての戦闘状態が継続する。

したがって、そこでは各兵士、各小部隊は上官の指揮を待つことなく「自主独往」「自由裁量」によって行動しなければならない。各人の「機敏・熱心・沈勇・自治・自律」によって勝敗が決せられることとなる。

それゆえ、このような疎開戦法では、個々の兵卒に各種の「無形的要素」すなわち精神的内面的な資質が極度に要求される。それは、「自治自律・自主独立の精神・深甚なる責任観念・堅忍持久の資質・強靱執拗の性能」および「持続的勇気」などである。

だが、日本人の「国民性」には、ややもすれば「これらの点に欠如するものある」といわざるをえない。

もちろん、尚武の気質や犠牲的精神など世界に誇りうる長所をもつが、他方、「急激に発作して俊速に冷却する弊《へい》」に陥りやすく、堅忍持久し隠忍苦節に耐えるというような粘り強さが持続しない傾向にある。また、伝来の家族制度のもとでの養育によるものか、依頼心が強く、自治や自律の観念が乏しい。さらに、外的な規律に縛られがちな環境のなかで生育してきたため、個人の自覚に基づく責任の観念がたりない。

「我が国民性を観察するに、……往々にして堅忍持久、隠忍苦節を持するというような緩燃性《かんねんせい》に欠くるおそれがある。また家族制度の下に養成された自然の結果でもあろうが、依頼心強く自治自律の念に乏しいように思われる。おまけに外的律法の下に制縛的に訓養せられているため、自覚に欠け責任感が十分でない点があるように思われる」（永田「国防に関する欧州戦の教訓」）

これら日本人の欠点が顕著な精神的資質は、逆に欧米人の長所となっている。彼らは大戦において、自主独立の精神、個人の自覚に裏打ちされた責任の観念、それに基づく強靱な堅忍不抜の心的持久力を発揮した。それによって大戦時の「酸鼻を極めた長期の陣地戦」に耐え、「惨烈極まる攻防戦」を反復して遂行しえたのである。

我々は、「欧・米国軍の特長とする無形的資質に大に学ぶ所がなければならぬ」。往々にして欧米人の精神、その「無形的価値」を過度に低く評価し、その面では日本人がはるかに優れていると得意になっている。だが、彼らの精神は、大戦での戦闘の経験からしても決して低いものではない。

指示命令に従って「機械的に働く」のみで「独立独行の念」に欠け、「自治自律の精神」に乏しく「自覚に基づく責任観念」が十分でなければ、新しい戦法に適応できない。そう永田は主張する（永田「国防に関する欧州戦の教訓」、同『新軍事講本』）。

このような観点は、永田にとって、たんに戦場での戦闘法のみに関わることではなかった。ここで重視されている、個人の自主独立心、自由な判断力、積極的主体性、責任感などは、一般社会における「団体的観念」での構成要素となるべきものでもあった。それらは、「個人を団体組織内の一因子」として活動させ、また「有機的組織団体」そのものにおける「有機的活動を最高度に達せしむる」ためのものだった。

「各個人は分散隔離し、時には指導者の手中眼界を離れて行動し……独りを慎み自ら制し自らを律し、至当なる判断のもとに適当の行動をなし、全体のために分業的協同の実を挙げ、団体としての有機的活動を最大限に発揮する」（永田「青年訓練の教練について」）

ただ、そこで想定されている「団体的観念」は、「頭首あり手足あり各種の任務を分担する諸員からなる有機的団体」のそれである。そこにおける個人は、「縦に横にそれぞれ分業的に各自の責務を果し、共同の目的に向て統一的に活動する」ことが要請されている。

このような団体と個人との関係、そこでの団体の目的実現への個人の主体性にたいする強い要請は、有機的団体としての国家とその成員としての国民の関係にもあてはまるものだった。それは、永田の国家総動員論のベースとなる一つの原理的視点でもあった。

一般に国家総力戦の観点から、個人の強制的同質化が推し進められるとされ、そこでは個人が機械のように従順に行動することが要請されたように考えられがちである。しかし永田においては、それでは実際には総力戦に対応できないとみており、国家的要請への強い主体的コミットメントが求められていたのである（ただ永田においては、個人の自主独立心、自由な判断力、積極的主体性などは、あくまでも「団体としての有機的活動を最大限に発揮する」ためのものである。したがって、団体そのものの形成過程やその目的設定には関わらないものだった）。

このような常備兵力と戦闘法に関する認識、さらには国家的要請への個人の主体的コミットメントの主張が、永田の国家総動員論の軽視しえない要素として含まれていた。

3 国際連盟批判と次期大戦不可避論

政党政治家との思想的対立

原敬や浜口雄幸など当時の代表的な政党政治家も、第一次大戦以降もし先進国間に戦争が起これば、それは高度の工業生産力と膨大な資源を要する国家総力戦となるとみていた。

しかし、彼らは財政・経済・資源の現状からみて、もし次の大戦が起これば、日本は極めて困難な状況に陥ると判断していた。したがって、次期大戦の防止を主要目的として創設された国際連盟の戦争防止機能を積極的に評価し、その役割を重視していた。

ことに浜口は、国際連盟を軸に、その機能を補完する平和維持や軍縮にかかわる多層的多重的な条約網の形成によって次期大戦は阻止しなければならない。また連盟の存在と、中国の領土保全・門戸開放に関する九ヵ国条約、ワシントン海軍軍縮条約、不戦条約、ロンドン海軍軍縮条約などの条約網を有効に活用すれば、阻止は決して不可能ではない。そう考えていた。そのような観点から、これらの条約によって構成されるワシントン体制を尊重し、それによって東アジアと太平洋の国際関係を安定化させようとしていたのである。

これに対して永田は、これからも近代工業国間の戦争を防止することはできず、したがって次期大戦も回避することは不可能だとする、戦争不可避論、次期世界大戦不可避論の見地に立っていた。

まず、大戦後の実際のヨーロッパ情勢において、戦争の原因はなお除去されていないと永田はみていた。ドイツは、全面的な軍事的敗北によるというよりは、全面的な破滅から自国を救い、将来の再起を期すために講和を結んだ。その意味で「国家の生存発達に必要なる弾力」を保存しつつ、「大なる恨み」を残して平和の幕を迎えたといえる。

ドイツの「軍国主義」「外発展主義」などは、「民族固有」のもの、もしくは新興国としての「境遇」に基づいている。またイギリスやアメリカの「自由主義」「平和主義」も、一面彼らの「国家的利己心に基づく主張態度」である。したがって「将来なお久しきにわたって両々角逐抗争することは免れぬ」状況にあり、ヨーロッパでの「紛争の勃発」は避けることはできない（永田「国防に関する欧州戦の教訓」）。

永田は、大戦後の欧州情勢をそう捉えていた。後述するように、永田は次期世界大戦を不可避と考えていたが、その口火は、ドイツをめぐってヨーロッパから切られる可能性が高いと判断していたといえよう。

また、国際連盟の有効性についても、永田は否定的な判断をもっていた。

連盟が「欧州大戦の恐るべき惨禍」の教訓から、戦争の防止、世界の平和維持のために創設された組織だということは、永田も十分認識していた。

連盟は、国際社会をいわば「力」の支配する世界から「法」の支配する世界へと転換しようとする志向を含むものである。そのことは、理念として、国際社会における原則の転換をはかり、国際関係に規範性を導入しようとする試みだといいうる。永田は連盟をそのような意義をもつものと位置づけていた。近衛文麿や北一輝《きたいっき》、大川周明などのように、単純に、連盟を欧米列強の世界支配のためのシステムだ、とは考えていなかったのである。

だが、永田のみるところ、問題は、連盟の定める「実行手段」が、果たしてその標榜する理念を達成しうるかどうかにあった。

これまでの国際公法や平和条約は、それを権威あらしめる制裁手段すなわち「力」を全く欠いていた。それに比して国際連盟は、「平和維持」のための「法の支配」を基本原則とし、法の擁護者としての「力」の行使をも認めている。したがって、連盟が、制裁手段として「協同の力」を認めた点は、従来の国際公法や平和条約などに比して「一歩を進めた」といえる。

しかし、にもかかわらず、その「力」は、大なる権威をもって加盟各国に連盟の決定を強制しうる性質のものではなく、その意味で国家をこえるような「超国家的なもの」ではない。連盟は「国際武力の設定」に至らず、紛争国にたいして、その主張を「枉《ま》げさせる」にたる権威をもたない。したがって、連盟の行使しうる戦争防止手段はその実効性と効果において大いに疑わしい。そのような超国家的権威をもたない連盟は、世界の平和維持の「完全な保障たり得ない」といわざるをえない（永田「国防に関する欧州戦の教訓」）。永田はそう考えていた。

「国際連盟は決して『力』を無視するものではなく、平和維持はもとより法の支配を本則とするも、法の擁護者として真の『力』――『正義に則《のっと》る法の忠僕』としての『力』――をも認めている。……だがしかし、この力は、連盟の命令支配の下に立つのではなく、依然連盟に加入している各国家の主権に従属している。したがって超国家的権威はもとより欠けている。そこに目的達成上の根本的欠陥がある」(「現代国防概論」)

このように列国間における紛争の要因は、先の大戦によって取り除かれたとは思えない。またそのような紛争が起こった場合、それを平和的に解決する手段や方法について根本的には解決されていない。したがって、今の平和は、むしろ「長期休戦」とみるのが安全な観察である。こう永田は結論づけている。

特異な「戦争波動論」

さらに、永田は、一九世紀以降における日米英露独仏伊など「世界列強」九ヵ国の対外戦争についての検討から、戦争波動論ともいうべき特徴的な認識をもっていた。

すなわち、一九世紀以降、世界を通じて観察すれば、戦争と平和が波動的に生起し、「平和時代と戦争時代とが、波を打っている」。列強各国平均の戦争間隔年数は約一二年、戦争継続年数は約一年八ヵ月だ、と。その期間はともかく、戦争の波動的生起にたいして、ある種の周期性、歴史的規則性が想定されていた(永田「国防に関する欧州戦の教訓」)。

したがって今後も、列強間の戦争の波動的生起の可能性は充分にあると考えられていたのである。

もちろん永田も、戦争を積極的に欲していたわけではなく、平和が望ましく、永久平和の実現が理想であるとの見地に立っていた。だが、連盟の創設によっても、その実現は不可能で、欧州列国間での戦争再発や、戦争の波動的生起を阻止できず、その意味で「戦争は不可避」(「現代国防概論」)だ。そう永田はみていた。

永田は、「将来の戦争は世界戦を引き起こし易く、その惨禍は想像に余りがある」。したがって、極力戦争を避けなくてはならない。しかも「勝利者の勝利は到底払った犠牲に及ぶべくもない」、との認識をもっていた(『秘録永田鉄山』)。にもかかわらず、これまでみてきたような理由から、列国間の戦争の再発、したがって次期世界大戦は、避けることができないと考えていたのである。

したがって永田は、次期大戦は不可避であり、それは、前述のように、ドイツ周辺から起きる可能性が高いと判断していた。このような見方が、永田の戦略構想の基本的な背景となる。このことはあまり知られていないが、軽視しえない点であり、後述する統制派系幕僚(武藤章や田中新一など)の考え方にも影響を与えた。

また、もし世界大戦が起これば、列国の権益が錯綜している中国大陸に死活的な利害をもつ日本も、否応《いやおう》なくそれに巻き込まれることになる。したがって、日本も次期大戦に備えて、国家総動員のための準備と計画を整えておかなければならない。永田はそう考えていた。

4　資源自給論と対中国政策

乏しい国内資源をどう補うか

さて、国家総動員を要する事態となれば、各種軍需資源の「自給自足」体制が求められることとなる。だが永田のみるところ、帝国の版図内における国防資源は極めて貧弱で、「重要国防資源の自給を許さぬ悲しむべき境涯」にある。したがって自国領の近辺において必要な資源を確保しておかなければならないとの判断をもっていた。この不足資源の供給先として、永田においては、満蒙をふくむ中国大陸の資源が強く念頭におかれていた。

永田は、主要な軍需不足資源のうち、ことに中国資源と関係の深いものについて検討をくわえた、「主要軍需不足資源と支那資源との関係一覧表」（永田「現代国防概論」）を示している。

その一覧表では、品目として、鉄鉱、鉄、鋼、鉛、錫、亜鉛、アンチモン、水銀、アルミニウム、マグネシウム、石炭、石油、塩、羊毛、牛皮、綿花、馬匹、の一七品目の重要な軍需生産原料をとりあげている。そして、それぞれについて、軍事上の用途、帝国内での生産の概況、「満蒙」「北支那」「中支那」の各地域で利用しうる概算量、需給に関する「観察」、が記されている。ちなみに、この一七品目は当時重要とされた軍需資源をほとんど網羅していた。

その内容は永田の対中国政策とも関連するので、少し詳細にみておこう。

まず、鉄鉱について。本土で七万トン、朝鮮で三五万トン産出し、百数十万トンを中国などから輸入している。「満蒙」において、産額は多くはないが「埋蔵量すこぶる多く」、一〇万トンから数十万トンの生産計画がある。「北支」は産額相当にあり、「中支」もすこぶる多い。したがって観察として、「資源豊富にしてかつ近き支那にこれを求めざるべからず」としている。

銑鉄《せんてつ》は、本土五七万トン、朝鮮一〇万トン産出。米英独などよりの輸入四〇万トン。鋼鉄は、百数十万トン産出。米英独などよりの輸入五〇万トン。外地では、銑鉄は満州の鞍《あん》山《ざん》製鉄所、鋼鉄は朝鮮の兼二浦《けんじほ》製鋼所を主とする。「満鮮に製銑・製鋼設備の新設拡張をなすことが極めて肝要」、との観察が記されている。

これら鉄鉱、銑鉄、鋼鉄の用途は、武器・弾薬のほか各種器具・機械用である。

石炭は、三千数百万トン産出するが、優良炭に乏しい。輸出入量間での大差なく、中国・仏領インドシナなどよりの輸入量が大きい。満蒙、華北、華中ともに、産額すこぶる多く、優良炭は、華北華中に多い。「戦時不足額はほとんど満蒙および北支那のみにて補足し得るがごとし。優良炭の一部は中支那より取得するを要すべし」との観察である。石炭の用途は、動力・熱発生源で、毒ガス原料でもある。

この四者は、軍需資源としては最も重要かつ大量に必要とするもので、すべて満蒙、中国北中部での確保が考えられていることは、注意すべきである。

そのほか、鉱物資源としては他に、鉛・亜鉛は華中の湖南省、錫は華南、アルミニウム・マグネシウムは満州などが、供給可能地域として挙げられている。

石油についても、飛行機・自動車・船舶の燃料として、表中に記載されている。帝国内百数十万石産出で、七百万石が輸入され、米国よりの輸入が最大である。満蒙で撫順頁岩《ぶじゅんけつがん》油《ゆ》（シェールオイル）八五万石生産予定の他は、華北・華中ともに多少の油田はあるが調査試験中である。「支那資源によるも目下供給著しく不足の状態にあり。速やかに燃料国策の樹立及之が実現を必要とする」、との観察が付されている。

石油に関しては、中国資源によるとしながらも、必要分確保のはっきりした見通しが立てられていないといえよう。

その他の資源も、多くは満蒙および華北・華中が供給可能地域とされている。

このように永田は、ほとんどの不足軍需資源について、満蒙および華北・華中からの供給によって確保可能であり、そこからの取得が必要だと考えていた。

そして、この一覧表について、次のようなコメントを付している。


「これを子細に観察せば、帝国資源の現況に鑑みて官民の一致して向かうべき途、我国として満蒙に対する態度などが不言不語《いわずかたらず》の間に吾人に何らかの暗示を与うるのを感じるであろう」（永田「現代国防概論」）


この表から、日本が今後向かうべき方向、満蒙に対してとるべき態度が、示されているというのである。

すなわち、永田にとって、中国問題は基本的には国防資源確保の観点から考えられ、満蒙および華北・華中が、その供給先として重視されていた。とりわけ満蒙は、現実に日本の特殊権益が集積し、多くの重要資源の供給地であり、華北・華中への橋頭堡として、枢要な位置を占めるものだった。

ちなみに、一九二〇年代の陸軍主流をなしていた宇垣一成は、長期の総力戦への対処として軍の機械化と国家総動員の必要を主張しており、その点では永田と同様である。だが、基本戦略としてワシントン体制を前提に米英との衝突はあくまでも避けるべきとの観点にたっていた（また、必ずしも次期大戦を不可避とはみていない）。

「国策として……将来は如何にすべきや……帝国民は狭き領土に窒息するわけには行かぬ。何処にか伸張して生存せねばならぬ。その方向はやはり英米との利害にも名誉にも感情においても衝突少なき方向を選択せねばならぬ。」（『宇垣一成日記』）

「日本の支那に求むる所は経済的地歩である。……経済的地歩も決して吾人の独占的のものではない。日支間には共存共栄を信条とし、列国の関係はもちろん門戸開放、機会均等の主義を尊重する」（同右）

したがって、主にロシアとの戦争を念頭に、中国本土をふくまないかたちでの、日本・朝鮮・満蒙・東部シベリアを範域とする自給圏の形成を考えていた（同右）。それは資源上からも厳密な意味での自給自足体制たりえず、不足軍需物資は米英などからの輸入による方向を想定していた。したがって、中国本土については米英と協調して経済的な発展をはかるべきだとの姿勢だった。英米ともに中国本土には強い利害関心をもっていたからである。また、次期大戦のさいは、当然米英と提携することが想定されていた。

当時ドイツとソ連は秘密軍事協力関係にあり、それをある程度認識していた陸軍中枢では、次期大戦勃発の場合、独ソ連携の可能性が高いとみていた。このことが宇垣の対ソ戦略重視姿勢と関連していた。もし大戦が再び起こるとすれば、ドイツと仏英米の対立を軸とするものになる蓋然性が大きいと考えられていたからである。

だが、永田からみれば、それでは大戦にさいして、国防上「独自の立場」、自主独立の立場を維持することができないことになる。

軍需資源を米英から輸入することを前提にしていれば、それに制約され、提携関係も選択の余地なく米英側とならざるをえない。そのように提携関係においてあらかじめ選択を限定されれば、「国防自主権」、国防上の方針決定のフリー・ハンドを確保することができない。いわば国防的観点からみて国策決定の自主独立性が失われる。

この点が、宇垣に永田がもっとも距離を感じ、反発していたところだった。

もちろん、このことは米英との提携をアプリオリに拒否するものではなく、あくまでも敵対・提携関係のフリー・ハンドを確保しておこうとの意図からであった。このような観点は、武藤章ら統制派系幕僚にも受け継がれる。

宇垣のスタンスと異なり、永田の場合は、米英との対立の可能性も考慮に入れ、中国の華北・華中をふくめた自給圏形成を構想していたのである。

軍事力による自給圏形成

では、これらの中国資源確保の方法として、どのような具体的な方策が考えられていたのだろうか。

この点について永田は、平時において、他国の圏内であっても「至近の土地」より確保できるようにしておくべきだが、やむをえなければ「戦時これが供給の途を確保」する方法を立案しておかなければならないとするのみで、その方策の内容については、「国家の至高政策に属する」がゆえに「議論を避け」たいとして、これ以上の言及はしていない。

ただ、「木曜会」第三回（一九二八年一月一九日）の記録に、永田の次のような発言がある。「一、将来戦の本質。消耗戦［＝長期持久戦］。二、対手。英、米、露。［その際］支那は無理にも自分［日本］のものにする」（「木曜会記事」）。

これは、討論のための一つの例示として永田が出したものだが、これまで検討した彼の議論からして、単なるモデル・ケースに止まらず、ある面、永田自身の意見の表出でもあると考えていいだろう。

ここからは、永田においては、軍事的手段など一定の強制力による中国資源確保、すなわち満蒙・華北・華中をふくめた自給圏の形成が想定されていたことがうかがわれる。
もし日中関係が安定しており、何らかの提携・同盟関係にあれば、戦時下においても必要な資源の供給を受けることは不可能ではなかった。だが、永田は当時の中国国民政府の「革命外交」と排日姿勢のもとでは、実際上それは困難だと判断していた。

したがって、この点について永田は、平時において、種々の方法で可能なかぎり確保できるような方策を立てておくべきだ。だが、やむをえなければ、中国資源を強制的に「自分「日本」のものにする」方法をとらねばならないと考えていた。したがって、「国防線の延長は、固有の領土ないし「現在の」政治上の勢力範囲から割出したものに比し長大」なものとなるという（永田「国防に関する欧州戦の教訓」）。

なお、永田は中国の排日姿勢の背景には、政党政治の英米協調路線による国防力の低下があるとみていた。

日露戦争によって獲得した満蒙権益は、その後欧米諸国の圧迫干渉をうけ、ことに一九二〇年の新四国借款団（原内閣期）以来、権益の削弱を余儀なくされた。さらに、ワシントン会議、ロンドン軍縮会議などの圧迫によって、国防力は相対的に低下した。そのことが、「支那をしていよいよ増長せしめ、その革命外交の進展にともない、排日侮日の行為を逞《たくまし》うせしむる」要因をなし、「支那に乗ぜしむるの隙《すき》」を与えることとなった。したがって満州国承認後も、「これに対する支那の反抗は今後直接間接いよいよ熾烈となるであろう」。永田はそう考えていた。

永田のみるところ、中国国民政府の「革命外交」は排日侮日を引き起こし、自給資源確保上橋頭堡的な意味をもつ満蒙の既得権益を危くするものだった。そのことからまた、戦時のさいの軍需資源全体の自給見通しの確保についても、通常の外交交渉による方法では極めて困難な状況に追い込まれつつあると判断していた。

永田はいう。「非道きわまる排日侮日」のなか、「民族の生存権を確保し、福利均分の主張を貫徹するに何んの憚《はばか》るところがあろうぞ」、と（永田「満蒙問題感懐の一端」）。

ここからは中国大陸からの資源確保の具体的方策の方向性は、おのずと示されているといえよう。それが、永田にとっての満州事変であり、その後の華北分離工作（華北の勢力圏化）であった。なお、永田は中国軍について、その多くは「私兵」「傭兵」であり、「動員計画などが立てられておらない」とみていた（『新軍事講本』）。

このような方向は、政党政治や宇垣の中国政策とは異なるものであり、中国の領土保全と門戸開放を定めた九ヵ国条約と厳しい緊張を引き起こす可能性をもつものだった。そのことはワシントン体制そのものとも対立していくことを意味した。

先にふれた、木曜会の満蒙領有方針も、この永田の構想から強い影響を受けていた。ただし、木曜会での東条発言は、満蒙領有の理由を対露戦争準備のためとしている。だがそれは、ロシアを仮想敵国とする伝統的な観念に馴染んでいる木曜会メンバーに満蒙領有論を受け入れやすくするために、その面を強調したのであろう。

なお、永田の政党政治や宇垣への主要な批判は、右に述べたような意味で、その国防上の米英協調路線にあったといえる。

また、国内政治体制の問題についても、永田は、政党政治の方向に対抗して、「純正公明」な軍部が国家総動員論の観点から政治に積極的に介入することを主張している。

永田はいう。「近代的国防の目的」を達成するには、挙国一致が必要であり、それには政治経済社会における幾多の欠陥を「芟除《せんじょ》」（切除）しなければならない。だが、そのためには「非常の処置」を必要とし、それは従来の政治家のみにゆだねても不可能である。したがって、「純正公明にして力を有する軍部」が適当な方法によって「為政者を督励する」ことが現下不可欠の要事である、と（永田鉄山「国防の根本義」）。

このような永田の構想が、満州事変以降の昭和陸軍をリードしていくことになる。その後、陸軍パンフレット『国防の本義と其強化の提言』（一九三四年）において、彼の考えはさらに展開されるが、軍務局長在任中、皇道派と統制派の派閥抗争のなかで殺害される。

第７章　石原莞爾の戦略構想
——世界最終戦論

石原莞爾。
満州事変の首謀者。

1　世界最終戦争と満蒙

日本とアメリカが衝突する

では石原は、どのような考えに基づいて満州事変を起こしたのだろうか。満州事変前後の石原莞爾の構想をみていこう。

石原は、山形県鶴岡《つるおか》に生まれ、陸軍大学（陸大）卒業後、中国漢口勤務をへて、約三年間ドイツに駐在した。帰国後、陸大兵学教官を務め、一九二八年（昭和三年）一〇月、関東軍作戦主任参謀として満州に赴任。そして満州事変を迎えるのである。その間、木曜会、一夕会にも関係している。

その後、日中戦争開始前後の時期、石原は参謀本部作戦課長、戦争指導課長、作戦部長として、極めて重要な役割を果たすこととなる。その頃の石原の戦略構想は、満州事変前後の構想がベースとなっている。したがって、のちの石原を理解するためにも、少し長くなるが、ここで満州事変期の彼の構想をある程度立ち入って検討しておこう。

石原は、ドイツ留学中および陸大兵学教官在任中、軍事史研究に精力を傾けた。その結果、将来、日本とアメリカによる「人類最後の大戦争」（いわゆる「世界最終戦争」）すなわち

「日米決戦戦争」が起こり、世界が統一されるとの考えにいたった。その戦争は、真の意味での「世界大戦」であり、この世界最終戦争の結果、「世界人類の文明」は最終的に統一され、「絶対平和」がもたらされる。そして人類共通の理想である「黄金世界」建設への一歩が踏み出される。そう石原は考えていた。

「ここに行われるべき未だかつて有らざりし驚くべき大戦争［日米世界最終戦争］によりて、世界人類の文明は最後の統一を得て、初めて人類共通の理想たる黄金世界建設の第一歩を踏むに至らん」（「現在及将来に於ける日本の国防」『石原莞爾資料』。以下とくに断りのない限り、石原の論考は『石原莞爾資料』による）

彼によれば、その世界最終戦争は、次の三つの条件が整った時に起こる。第一に、アメリカが「西洋文明」の中心としての位置を占め、完全に「西洋文明の選手権」つまり西洋の覇権を獲得する。第二に、日本が「東洋文明」の中心となり、「東洋文明の選手権」を獲得する。第三に、この戦争に必要な武器が製作される。具体的には、「飛行機」が「無着陸で世界を一周」できるようになり、「全世界を自在に飛行」しうるに至る。

「世界大戦［世界最終戦争］勃発の時期は左の三要件の充足せられる時とす。
一、米国が完全に西洋文明の選手権を獲得すること。
二、日本が完全に東洋文明の選手権を獲得すること。
三、両者の戦争具たる飛行機が無着陸にて世界を一周し得ること。」（「欧州戦史講話の結論」）

すなわち、日米が東西の指導権を確立すること。そして太平洋をはさんで両国の主要都市を破壊・殲滅《せんめつ》し、世界最終戦争の勝敗を決する軍用航空機の出現である。それは日本からみれば、アメリカの主要都市まで無着陸で往復し、そこを攻撃・殲滅できる航空機の出現を意味する。それには当然都市攻撃のための大量破壊兵器の開発もともなう。ちなみに、日米開戦直前石原は、「原子核破壊」による「最終戦用決戦兵器」［＝核兵器］の出現可能性についても言及している（『戦争史大観』）。

したがって、この戦争は、「飛行機をもってする殲滅戦争」となり、在来の陸軍と海軍の役割の比重は大幅に低下する。それは「日米決戦戦争」ともいうべきもので、真の「世界大戦」「世界戦争」となる。その意味で先の「欧州大戦」（いわゆる第一次世界大戦）は世界大戦、世界戦争とはいえない、とされる。

では、上記三つの条件が整い、世界最終戦争が起こるのはいつ頃と石原は想定していたのだろうか。それは一九三〇年前後から起算して「数十年後」、すなわち二〇世紀後半期とされている。世界最終戦争までは、なお半世紀前後を要すると考えられていたのである。ちなみに、実際には航空機による無着陸世界一周は、一九四八年に実現する。だが、石原が想定していたような、全世界を無着陸で自在に飛行できるようになるには、さらに歳月を要した。

ところで、世界最終戦争がアメリカと日本の間で戦われるものと考えられているのはどうしてだろうか。

従来からの世界強国として、アメリカ、イギリス、フランス、日本のほか、ドイツ、ソ連が存在した。しかし当時ドイツはヴェルサイユ条約によって軍備を厳しく制限されており、ソ連も革命後の混乱状態によって軍事的劣位の状況が続くと想定されていた。

それらのなかで、石原のみるところ、事実においてアメリカは、先の欧州大戦以来、英仏などを凌駕《りょうが》して西洋文明の中心地となりつつあり、その過程は急速に進んでいた。

ではなぜ、日本が、アメリカと対抗して世界の武力的統一を争う存在となりうるのか。イギリスやフランスなどの西欧列強ではなく、なぜ国力において「貧弱」な極東の島国日本が、アメリカとの世界最終戦争に残りうるのか。

石原によれば、それは日本の「根本文明」が、世界のあらゆる文明を「保有保育」し、かつそれを「溶解し化合する」特質をもつからである。日本は、さまざまな東洋文明を融合させて独自に育み、西洋文明を吸収して近代化に成功、世界列強の一つとなった。つまり日本は、東洋文明のみならず世界の全文明を「総合」し、しかもそれを最も「合理的」におこなう能力をもつ。そのことが、数十年後までに、日本が「東洋文明の選手権」を獲得し、かつアメリカとの世界最終戦争の当事国となりうる重要な要因だった。

そしてさらに、この日本文明独特の世界史的特質（世界全文明の総合）が、世界最終戦争の勝者となり、世界に「絶対平和」を与えることを、日本の「天業」として宿命づける。

「この［根本］文明すなわち日本国体を以て世界のあらゆる文明を総合し、彼等にその憧憬せる絶対平和を与うるは、我が大日本の天業なり。」（「現在及将来に於ける日本の国防」）

恒久平和は「世界統一」によってのみもたらされ、世界統一は武力によってのみ実現可能であり、さらに唯一日本のみが世界の全文明を総合しうるからである。したがって、アメリカとの「争覇戦」「将来の世界戦」に勝ち残り、「東西両文明」の統一を実現し、「世界人類を救済」することが日本の「使命」とされる。
アメリカとの圧倒的な国力差にもかかわらず、なぜ軍事的に日本が世界最終戦争の勝者となる可能性をもちうるのか。それは世界最終戦争が、航空機による殲滅戦となるとの見通しからきている。

そのような航空戦を主とする戦争形式においては、まず科学技術力が決定的となる。その点では、日本における世界の文明を融合する能力が優位性を発揮しうると考えられているのである。そこでは、世界の科学技術の粋を集めた、最新の航空機や高性能爆弾を大量に製造すること、それを支える工業生産力の集積は必須である。だが、欧州大戦のような、膨大な陸海軍や物資をかならずしも必要としない。そこに日本の可能性があると石原はみていた。

そして、この世界最終戦争は、航空機による両国主要都市への無差別殲滅戦となるため、「未曾有の悲惨なる状態」を現出させることが予想されている。

「日米決戦戦争［世界最終戦争］
原因　東西両文明の最後的選手たる日米の争覇戦
戦争の性質　飛行機による迅速なる決戦にして、未曾有の悲惨なる状態を顕出すべく、人類最後の大戦争なり」(「軍事上より観たる日米戦争」)

ただ、石原とて戦争を好んでいたわけではなく、戦争は「最も悲惨なる、最も悲しむべく、最も憎むべきもの」であるとの認識はもっていた(のちの著作『最終戦争論』〔一九四〇年〕では、「最後の大決勝戦で世界の人口は半分になるかもしれない」としている)。だが、それを根絶して世界に平和をもたらすには、この世界最終戦争を経なければならないというのである。

しかし一方では、「戦争は文明を破壊しつつも、しかも新文明の母たりしものなり」との見方も示している。戦争を文明発達の重要な動因とも位置づけていたといえる。

なお、石原は日蓮宗国柱会《こくちゅうかい》の会員であり、「前代未聞の大闘諍《とうそう》、一閻浮提《いちえんぶだい》に起るべし」との日蓮の予言が、この世界最終戦争にあたると考えていた。ただ、世界最終戦争論そのものは、基本的に彼独自の軍事史研究から導き出されたものであり、日蓮の予言はそれを裏付けるものとして位置づけられていた。

石原の満蒙領有論

では、このような世界最終戦論の観点からすれば、当面の日本の「国策」はどのようにあるべきか。石原は次のように考えていた。

現在とるべき日本の国策は、世界最終戦争に向けて、すみやかに「東洋文明の選手権」を獲得することである。そのためには、一方では、「全世界の文化を総合」する日本文化の大成を急がねばならない。また他方、ロシアの「侵入」、米英からの「圧迫」に対抗しうる「威力」をもつことが必須である。そのことが、日本が「東洋諸民族」を指導し、彼らを「白人種の横暴」から脱却させ、東洋全体をリードする地位を獲得することにつながる。

このような「威力」をもつには、第一に、「日本」国内において、現在かかえる諸問題を解決し、さらなる国力の発展を図らなければならない。第二に、「朝鮮」の統治を安定させ、「支那」に対する指導的地位を確立しなければならない。第三に、「露国」の北方からの侵入に対処する処置を講じる必要がある。北方の安全を確保できれば、先の国策にしたがって、「支那本部」への、さらには「南洋」への発展を図ることができる。

そして石原は、この三つの課題を実現するには、「満蒙問題」を解決しなければならず、それには、満蒙を「我が領土とする」、すなわち「満蒙領有」の必要がある、と主張する。

この満蒙領有の積極的意義を、石原は次のように述べている。

まず、第三の「対露戦略」の点からみると、満蒙領有（全満州を含む）によって、「北満地方」を日本の完全な勢力下に置くことができる。そうすればロシアの北方からの侵入は、満州北側のソ満境界に横たわる巨大な興安嶺山脈を利用して容易に防御することが可能となる。

これにより日本は北方に対する負担が軽減され、その本来の国策である東洋の「選手権」を獲得する方向に進みうる。つまり、中国本土への影響力の拡大、さらには南洋すなわち西太平洋への発展を企図することができることとなる。その意味で、満蒙は、日本の国運発展の「戦略拠点」といえる。

「我が国にして完全に北満地方をその勢力下に置くにおいては、……北方に対する負担より免れ、その国策の命ずるところにより、あるいは支那本部に、あるいは南洋に向かい勇敢にその発展を企図するを得べし」（「満蒙問題私見」）

次に、第二の対朝鮮中国政策についていえば、朝鮮の植民地統治は、満蒙を日本の完全な勢力下に置くことによって初めて安定する。また、「実力」による満蒙領有によって日本の断固たる決意を示せば、中国本土に対しても「指導の位置」に立ち、その統一と安定を促進することになる。

漢民族は「永く武力を蔑視」してきた結果、「真の武力」を編制することができず、中国における「主権の確立」は到底これを望みえない。したがって「自ら治安維持をなす能力」を欠き、その統一と安定には日本の「政治的指導」を必要としている。

さらに、第一の日本国内の発展に対しても、満蒙からの食糧供給は、国民の「糧食問題」を解決する。また満州における「鞍山の鉄」「撫順の石炭」などの獲得は、国内重工業の基礎確立に資する。

このように「満蒙の資源」は、不況下にある国内の「刻下の急を救い」、今後の飛躍の素地を作るに十分なものである。さらに満蒙での各種企業の発展は、国内「有識失業者」を吸収し、この面でも国内の不況打開に役立つ。「満蒙の合理的開発」により、日本の「景気」は自然に回復する。

満蒙領有は、このように日本自身にとって極めて重要な意味をもつものだった。のみならず、石原によれば、さらに「在満蒙諸民族」にとってもその「幸福増進」につながる。それは次のような理由による。

これまで、満蒙は日本の勢力による治安維持によって急激な発展が可能となってきた。もし日本の勢力が低下すれば、満蒙も中国本土の現状と同様となるだろう。中国本土では、「軍閥・学匪《がくひ》・政商」など一部の人間による利益追求のため戦乱が続き、一般民衆は

「塗炭」の苦しみの中にある。したがって、満蒙領有による日本の勢力強化は、満蒙の治安状態をさらに改善し、満蒙在住諸民族の生活の安定をもたらすことになる。これは混乱を収拾できない中国本土では享受しえないものである。こう石原は主張する。

2 満蒙領有と日米持久戦争

対米戦争計画

だが一方で、石原のみるところ、満蒙領有の実行は、東アジアに強い利害関心をもつ、米露英など列強諸国の「武力的圧迫」を覚悟しなければならない。とりわけアメリカの「実力的」介入は必至で、「対米戦争の覚悟」を必要とする。

「満蒙問題の解決は、日本が同地方を領有することによりて始めて完全達成せらる。対支外交すなわち対米外交なり。すなわち前記目的［満蒙領有］を達成するためには対米戦争の覚悟を要す。」（「国運転回の根本国策たる満蒙問題解決案」）

なぜなら、アメリカは、欧州大戦に参戦したように、利害のみでなく、弱者保護など

「道義的虚栄心」から、「正義人道」を理由に他国の紛争に介入してくる場合があるからだ。満蒙領有実施にさいして、アメリカ介入の見通しを決して甘く見るべきではなく、対米戦となる公算が大きい。

ただしこの対米戦は、世界最終戦争としてのそれではなく、それに至る過程に生じる持久的な対米戦、「日米持久戦争」となる。したがって、満蒙領有による満蒙問題の解決にさいしては、「対米戦争計画」を確立しておかなければならない。このように石原は、満蒙領有は、対米持久戦の契機となる可能性が極めて高いと判断していた。

「満蒙を我が領土するためには米国を主とする諸国の武力的圧迫を予期せざるべからず。この戦争は長年月にわたる消耗戦争たるべく、我が国刻下の最大急務は速やかに戦争計画を確立するに有り。」（「欧州戦史講話の結論」）

そうした観点から石原は、満州事変直前の一九三一年（昭和六年）四月、「対米戦争計画大綱」（別名「満蒙問題解決の為の戦争計画大綱」）と題する対米戦のための戦争計画を立案している。

その概略は次のようなものだった。

満蒙領有を契機とする当面の対米戦争は、約半世紀後に想定される世界最終戦時の日米間の「殲滅戦争」とは異なり、長期の持久戦となり「消耗戦争」となる。消耗戦争は殲滅戦争ではないので、ある時点での戦争終結を想定しておかなければならない。したがって、あらかじめ限定的な「戦争目的」を定め、「講和条件」を確定しておく必要がある。

この消耗戦争としての対米戦(「対米持久戦争」)の戦争目的は、第一、「満蒙を我が領土となす」(満蒙領有)。第二、西太平洋制海権を確保する。具体的にはフィリピン、グアムを日本の「領土」とする、もしくはフィリピンについては独立させる。加えて、ハワイをも日本の「領土」とするか、その米側防備を撤去させる。この二点(満蒙領土化と西太平洋制海権確保)が、同時に講和条件となる(一種の限定戦争)。

戦争指導方針としては、「米国のみ」を敵とすることに努める。したがって、中国本土にはなるべく兵力を用いることを避け、「威嚇」により中国の排日および参戦を防止する。しかし、威嚇では中国の排日・参戦を防止できない場合は、武力によって「南京」を攻略し、華北・華中の要所を「占領」する。

イギリスに対しては、満蒙領有について了解をえるよう、十分な努力を払う。しかし、了解をえられない場合は、「英国をも敵とする」ことを辞さない。

ロシア(ソ連)とは、極力「親善関係」を継続することに努める。やむなく開戦となった場合は、北満国境線のラインで戦争の持久を図る。
その他の欧州諸国とは親善関係を保ち、ソ連やイギリスを背後から牽制させる。

日本支配のもとでの「共存共栄」

このような戦争指導方針のもと、（対米戦争計画における）陸軍の任務としては、第一に、満蒙の占領と統治がある。軍事占領後の満蒙統治は、在住各民族の「共存共栄」を図る。その共存共栄は各民族の特性により、日本民族は「軍事」「統治」と「大企業」、漢民族は「商業農業労働」「小企業」、朝鮮民族は「水田」、蒙古民族は「牧畜業」を、それぞれ担当する。

陸軍の第二の任務は、中国を武力占領することとなった場合のもので、まず、中国側軍隊を「殲滅」し掃討する。

次に、占領後は中国が目下「苦境」に陥っている「病根」を武力によって「打開」し、中国四億民衆に「新生命」を与える。そうすれば、日本による中国本土統治は、「支那人より衷心の歓迎を受ける」だろう。その後の地方統治は中国人の「自治」に委ねる。

日本軍による占領に要する維持費（主要都市・鉄道の守備など）は、中国における「関税・塩税および鉄道収入」によってまかなう。

陸軍第三の任務は、対ソ戦となった場合のもので、北満占領後、満州北部の興安嶺山脈などの地形を利用して戦争の持久を図る。

第四には、海軍と協力してフィリピン、グアム、ハワイの占領統治をおこなう。対英戦が加わった場合には、香港、シンガポールも占領統治する。

一方、海軍の任務としては、東アジアのみならず東南アジアも含めた「西太平洋」の制海権を確保することが最重要課題となる。そのため、アメリカのアジア艦隊および主力艦隊を撃滅し、陸軍と協力してアメリカ海軍根拠地を奪取する。対英戦が加わった場合も、東アジアに派遣されるイギリス艦隊、海軍根拠地（香港・シンガポール）に対して同様の措置をとる。

このような陸海軍の任務は、すべて長期持久の消耗戦争が想定されている。


「支那を中心とする戦争起こらんか、単に我らが支那人のみを相手とせば、よく殲滅戦により迅速にこれを屈するを得べしといえども、他の強国の妨害を排除するための戦争はもちろん消耗戦争の外なし」（「現在及将来に於ける日本の国防」）

これらに対応する政府の任務は、挙国一致の実現と、対米戦争の遂行のための適切な外交的対応の実施である。

石原のみるところ、漢民族には「自ら治安維持をなす能力」がない。したがって、「日本の満蒙領有および支那本部の政治的指導」は、単に「日本の存立上」必要であるばかりではなく、「支那人の幸福」にもつながる。それだけではなく、対外的に、「世界各国民が支那大陸に経済的活動をなす」ためにも望ましいことだ、と主張することができる。

3　対米持久戦争計画について

「戦争により戦争を養う」

以上が、対米持久戦争に対する石原の戦争計画の概略である。

この概略の紹介だけでは石原の考えが判然としないところがあるので、もう少し立ち入って説明を補足しておこう。

まず、第一に、威嚇によって中国本土を政治的に「指導」することが困難で、中国を武力占領する場合について（石原のいう「政治的指導」は、軍事占領を含むさまざまなレベルの方法によるものとして考えられている）。

石原は中国について、「軍閥・学匪・政商」の跋扈《ばっこ》によって戦乱が続き、「民衆」は塗炭の苦しみをなめている、との認識だった。この「苦境」から中国の四億民衆を救おうとすれば、「列強」が中国の治安維持にあたるほか方法はない。したがって、列強諸国による「国際管理」か、その中の一国による管理すなわち「領有」か、が中国民衆救済の道といわざるをえない。その意味では、日本による中国本土の占領・統治（「領有」）は、「支那民族を救う」ためであり、中国民衆に「幸福」をもたらすものだ、とも記している。石原は、満蒙領有による対米戦から、中国本土の武力占領へと進まざるをえない場合、それは日本にとって必要であるばかりでなく、中国民衆にとっても望ましいことだ、というのである。

石原によれば、漢民族には、自ら「主権」を確立し、「近代国家」を形成する能力はなく、日本が代わって治安維持にあたる必要がある。

「支那人が果たして近代国家を造り得るや頗る《すこぶ》疑問にして、むしろ我が国の治安維持の下に漢民族の自然的発展を期するを彼等のため幸福なるを確信す」（満蒙問題私見）

それゆえ、日本の武力により、「支那積弊《せきへい》の中枢」を切開して中国民衆に「潑剌《はつらつ》たる新生命」を与え、その経済生活を解放しなければならない。そのことは中国を市場とする日本の商工業のさらなる振興をもたらす。その意味で「満蒙」は中国を救うための「根拠地」であり、「中国民族を救う天職」は日本にある。つまり満蒙領有は、中国本土の「富源開発」につながり、そのことは将来におけるアメリカとの「世界争覇戦争」のための準備ともなるというのである。

したがって、石原のみるところ、日本軍の中国占領に要する費用は、それほど多くはならない。なぜなら、「支那軍閥を掃討し土匪《どひ》を一掃」して、その治安を維持すれば、中国民衆の「心服」を得て、占領地の「徴税、物資、兵器」により自活しつつ、対米持久戦争を遂行できるからである。これを石原は、「戦争により戦争を養う」方式だ、としている。

「我らの［消耗］戦争は……戦争により戦争を養うを本旨とせざるべからず。すなわち占領地の徴税物資兵器により出征軍は自活するを要す。支那軍閥を掃討し土匪を一掃して、その治安を維持せば、我が精鋭にして廉潔なる軍隊はたちまち土民の信服を得て優に以上の目的を達するを得べし。」（「現在及将来に於ける日本の国防」）

では、戦争により戦争を養うとは、具体的にはどのような内容が想定されていたのだろうか。

石原の記述からすると、戦争遂行のための財政は、中国からの各種税収、鉄道収入などによって確保し、そこからの支出で戦争遂行に必要な資源や物資を現地で調達する（中国現地からの購入）。またそれらを帝国日本の工業化、産業発展のための費用や資源とする。このような方策によって、満蒙領有を契機とする対米持久戦争に必要な武器弾薬、食糧その他の物資・資材を確保し、戦争を継続する。またそのことが、戦争経済による日本の工業化を推し進め、さらなる産業発展をもたらし、その戦争遂行能力を増大させる。

この中国からの税収・資源等確保の起点は、対中武力行使による中国占領であり、その過程でアメリカの介入を受ければ、中国の占領・統治それ自体のための対米持久戦争となる。そして、このような対米持久戦争の継続によって、日本はアメリカとの世界最終戦争に勝利しうる戦争遂行能力を自らのものとすることができる。

これが、石原のいう、戦争により戦争を養う方式の実際的な内容である。

それゆえ石原は、中国での陸軍の維持費は、「関税・塩税および鉄道収入」でまかなうとしていたのである。ちなみに、この関税には、当時実質的にはイギリスが管理していた「海関」（海港などにおかれた外国貿易に対する税関）も含まれていた。また石原は、対米持久戦を戦うための海軍の費用も、「戦争により戦争を養う」観点から、陸軍と同様の方法で、中国側に負担させる考えだった。

ただ、この戦争により戦争を養う方式は、必ずしも実力によって中国社会から直接資源略奪をおこなうことを想定していたわけではない。具体的には、日本軍による治安維持を前提に、関税・塩税・鉄道収入などを日本軍の経費にあてることが想定されていた。石原によれば、これは異民族支配である「清朝の方式」を踏襲したもので、中国民衆にとっては必ずしも受け入れがたいものではない。中国社会の病根を切除し、彼らが陥っている現在の苦境を打開できれば、むしろ「歓迎を受ける」。そう考えられていたのである。

なお、「対米戦争計画大綱」では、満蒙領有時、アメリカのみを敵とすることに努め、中国本土にはなるべく武力行使をさけるとしている。だが、同時期の別の文書では、対米持久戦となった場合、「東亜の封鎖を覚悟し、適時支那本部の要部をも我が占領下に置き……東亜の自給自活の道を確立」するとしている（「国運転回の根本国策たる満蒙問題解決案」）。中国側の対応いかんにかかわらず、中国本土の主要部分を占領するとの考えももっていたのである。

いずれにせよ石原は、アメリカとの戦争のためには、中国本土の「富源開発」と、その日本による確保が必須だと考えていた。また、それが中国側の自発的意志でおこなわれることは、中国政治の現状のもとでは困難で、何らかの武力行使か、武力による威嚇を必要とすると判断していた。

また、石原は、「支那本部に兵力を用いる場合は、英国の参戦を覚悟せざるべからず」とも述べている（「昭和五年三月一日講話要領」）。中国本土の占領・統治に踏み込めば、アメリカのみならず、イギリスとも戦争になる可能性が高いと判断していたといえる。海関だけではなく、イギリスは中国中央部を勢力圏として、鉄道・鉱山など多くの特殊権益を有していたからである。

さらに、いずれにせよ中国本土を領有する場合、日本軍による直接統治は華北・華中までとし、華南地方は親日的な中国軍によって統治させるプランだった（「国運転回の根本国策たる満蒙問題解決案」）。

ところで、明言はしていないが、アメリカは、たとえ満蒙領有時に介入してこなくとも、もし日本が中国本土に踏み込めば必ず介入してくると、石原はみていたようである。たとえば、石原は次のように記している。

「日米持久戦争
　原因　支那問題
　平和なき支那を救うは日本の使命にして、同時に日本自らを救う唯一の途なり。これがためには米国の妨害を排除するの必要に迫らるべし」（「軍事上より観たる日米戦争」)

そして石原は、満蒙領有のみならず、中国本土への政治的指導もしくは中国本土領有それ自体への志向をかなり強くもっていたといえよう。

「支那民衆は、連続せる戦乱のため塗炭に苦しみ、……四億の民をこの苦境より救わんと欲せば、他の列強が進んで支那の治安を維持するほか絶対に策なし。すなわち国際管理か某一国の支那領有は、ついに来たらざるべからざる運命なり。単なる利害問題を超越して吾等のついに蹶起せざるべからざる日、必ずしも遠しというべからず。」

(「現在及将来に於ける日本の国防」)

ここでの「某一国の支那領有」が日本によるそれを指していることは明らかだろう。

たとえば石原は、日中戦争直前、中国側の反日姿勢が好転しない場合に備え、対中国戦争計画の策定を企図するが、盧溝橋《ろこうきょう》事件の勃発によって未着手に終わる。

今こそ満蒙領有の好機

第二に、対ソ戦略について。

石原は、日本の満蒙領有実施のさい、ソ連が日本の北満占領に対して軍事的に介入してくる可能性は低いと判断していた。革命後の混乱による国力疲弊と国際的孤立により、軍事介入は困難とみていたからである。そして、もし対ソ戦となっても、北満を占領しておけば、満州北部の興安嶺山脈など地理的自然的な条件を利用してソ連軍の北満侵入を防ぐのは、それほど困難ではないと考えていた。したがって、対ソ関係では、むしろ今が満蒙領有の好機だと判断していた。

実際、ソ連国内では、一九二四年のレーニン死後、スターリン、ジノヴィエフ、トロツキーらによる政治抗争が本格化。その後、一九二七年のジノヴィエフ除名、一九二九年のトロツキー国外追放で、国内の政治抗争が終わり、スターリン独裁体制が成立する。その間、一九二八年から第一次五ヵ年計画がはじまり、ようやく革命後の混乱からの経済再建が途に就いたばかりだった。そのような時期に、列強の一つである日本との本格的な軍事衝突に対処する余力は、ほとんどなかったといえよう。

したがって現実に、関東軍による北満占領時、ソ連による軍事介入はおこなわれなかった。また日本側陸軍中央や関東軍も、ソ連を必要以上に刺激しないよう、北満占領のさい、ソ連側管理の中東鉄道には手を触れないよう慎重に対処した。中東鉄道は、満州里《マンチユリー》からハルビンをへて綏芬河《すいふんが》（ポクラニーチナヤ）に至る路線で、北満中央を横断し、ウラジオストクへと繋がるソ連側重要輸送路だった。その後、満州国建国となり、中東鉄道そのものは、曲折を経てソ連から満州国に売却されることとなる。

だが、石原の参謀本部作戦課長就任（一九三五年）頃には、極東ソ連軍の状況は、彼の想定を覆しかねない事態となっていく。

「東亜の封鎖」への対抗策

第三に、当面の対米戦における海軍の位置づけについて。

石原によれば、対米持久戦のためには、西太平洋の制海権確保が必要とされ、「海上武力」すなわち海軍の整備が軽視しえない課題となる。

この点に関連して、石原はこう述べている。「海上武力は持久戦争のため最も必要」なものである。だが一部の論者のように、「海上武力を絶対として次いで陸上兵力を整備すべき」との主張は正当ではない。制海権の範囲および大陸占領地の必要を考え、「公平に両兵力の比率を定めざるべからず」、と。

このような海軍力の重視は、のちに陸軍中央で、石原は「海軍論者」だとみられ、警戒される一つの原因となる。また、参謀本部戦争指導課長時代、国防方針策定をめぐって、「両兵力の比率」をどのように「公平に」定めるかをめぐって、海軍側担当者と衝突する。

なお、海軍による西太平洋の制海権確保ができなかった場合、石原は、中国側の態度いかんにかかわらず、「支那本部の要都をも我が占領下に置」くべきだと考えていた。すなわち、制海権喪失による「東亜の封鎖」に対抗して、中国大陸の豊かな資源を開発し、日中両国の商工業を振興させ、「東亜の自給自活の道」を追求する必要がある、と。東アジアに日本を中心とする自給自足圏を形成することによって、なお長期の持久戦を有利に進めうると判断していたのである。

また、石原のみるところ、アメリカとの直接的な戦闘の主力は、海軍とならざるをえない。想定されている対米持久戦争において、アメリカと直接戦闘をおこなうのは、まずは西太平洋の制海権確保のためだったからである。ただ、海軍に要する費用は、戦争により戦争を養う観点から、必要部分を中国大陸から確保するとされていた。

「戦争を以て戦争を養うを根本着眼とし、要すれば海軍に要する戦費の一部または大部もまた大陸の負担たらしむるものとす。」（「国運転回の根本国策たる満蒙問題解決案」）

このように石原は、対米戦争の主力となる海軍の費用も中国大陸からの税収等によることを想定していた。とすれば、石原は対米持久戦争遂行の財政負担を、陸海軍とも基本的には中国での収入によって賄おうと考えていたといえる。

日米持久戦となった場合は、中国に対して、直接戦争によろうが、武力による威嚇によろうが、そこからの財政収入(租税・鉄道収入など)を確保しうる体制をとることが想定されていたのである。したがって、対米戦の主力となる海軍も、その面では陸軍からのサポートを必要とすると考えられていたといえる。

アメリカとの戦闘において、海軍が主力とならざるをえないのは、日米が太平洋の両岸に位置するという、両国の地理的関係からだった。それゆえ、陸軍がアメリカ軍と直接戦火を交えるのは、フィリピン、グアム、ハワイなどを占領する時、もしくは制海権を失い、米軍が中国大陸に上陸してきた場合に限定されていた。

なぜなら石原は、対米持久戦段階では、アメリカ本国に直接攻撃を加えることは想定していなかったからである。対米持久戦争は、あくまでも満蒙領有と中国本土への指導的影響力確保のためのものだった。

百万の軍を動かせば日本は破産

第四に、国家総動員について。

満蒙領有を契機とする対米持久戦について、石原は、欧州戦争（第一次世界大戦）におけるような「国家総動員」を必ずしも必要としないと考えていた。

石原は、欧州戦争のような国家総動員型の戦争を、彼のいう消耗戦争（持久戦争）の一類型と位置づけていた。そして、対米持久戦争は、国家総動員型とはならないとみていた。

すなわち、欧州戦争は、「防御威力」が「強固」となり、「攻撃威力」がそれを「突破」できなくなった結果、自国生産の膨大な物量を要する国家総動員型の消耗戦争となった。だが、それとは別に、作戦地域が広大なために、消耗戦争（持久戦争）となる場合がある。

中国問題をめぐる対米持久戦争の場合は、それにあたり、欧州戦争のように国内での膨大な「軍需品」を必要とせず、国家総動員の必要はない。なぜなら、「戦争に要する物資および費用の大部分は、これを我が占領地［中国］に求むる」ことができるからである。

つまり、当面の日米戦争が「消耗戦争」となるのは「作戦地域の広大なるため」であり、「欧州大戦のそれ［国家総動員型消耗戦争］とは根本を異にする」との認識だった。

したがって、それは「戦争により戦争を養う」方式によって対応しうるものと考えられていたのである。

ただ、北満平原にソ連軍の本格的侵入を許した場合には、動員規模一〇〇万人レベルの精兵が衝突し、欧州戦争式の国家総動員型戦争になるとみていた。しかし、ソ連の内外事情からして、早期に北満占領をおこなえば、北部の自然的条件（興安嶺やホロンバイル高原など）を利用してソ連軍の侵入を阻止することができると判断していた。また実際、満州事変期の北満占領時には、ソ連を必要以上に刺激しないよう、ソ連管理下の中東鉄道には手を触れなかった。

石原は、もし北満にソ連軍の本格的侵入を許した場合、そのような動員規模の「大軍」はとうてい「戦地において自活」することは困難だとしている。「戦争により戦争を養う」方式によっては対処しえないというのである。

このことは、対米（あるいは対米英）持久戦争が大軍による戦争とはならないと石原がみていたことを意味する。対米持久戦は「戦争により戦争を養う」方式によるとしているからである。おそらくアメリカやイギリス帝国からの船舶による遠距離輸送では、一〇〇万規模の「大軍」を中国大陸に派遣することは困難だと判断していたからであろう。

また石原は、「もし百万の軍を動かさざるべからざるものとせば、日本は破産の外なく」、したがって、国家総動員型の戦争は回避すべきだと考えていた。「我が日本の物質力は、遺憾ながら頗《すこぶ》る貧弱」とみていたからである。ただ、このような判断は、のちの参謀本部勤務時代には大きく修正されることになる。

第五に、政府の任務について。

石原は、政府の任務として「挙国一致」を固めることとしているが、そのさい経済面では国内および占領地を通じて、「統制経済」「計画経済」の実施を主張している。また国内政治においては、急激な変化を避けながら「所要の改革」を実現すべきとしつつ、必要があれば、「戒厳令」のもと「内部改造を断行すべき」としている。

その内部改造の具体的内容については、「国内を統一」するというのみで、経済面以外には言及していない。

「日本はまず近く行わるべき日米持久戦争により国内を統一して国運の基礎を固め、次いで行わる決戦戦争により世界統一の大業を完成す。」（「軍事上より観たる日米戦争」）

石原は、この日米持久戦争を動因として、「我が商工業」は十分な「根底」を養い、国民経済の「急激なる進歩」を果たし、世界最終戦争の準備が整うという。

石原の中国観

ところで、石原は、その満蒙領有論にかかわり、「満州蒙古人」は漢民族よりもむしろ「大和民族」に近い存在であり、「満蒙は漢民族の領土に非ず」と述べている。そして、歴史的関係などから観察すれば、「満蒙は漢民族よりもむしろ日本民族に属すべきものなり」と主張する（「現在及将来に於ける日本の国防」「国運転回の根本国策たる満蒙問題解決案」）。

これらの点について、石原が満州事変前、元京都帝国大学教授で当時「支那学」の大家とされていた内藤湖南《ないとうこなん》を訪ね、意見を乞うたことはよく知られている。

先にふれたように、石原は、中国人には治安維持能力がなく、軍閥・学匪・政商が跋扈し、政治的混乱が続いており、中国大陸の防衛や治安維持は日本が担うべきとの考えだった。また、日本は東洋において文化的に優越した地位にあるゆえ当然アジアを指導しなければならないし、また東西の文明を融合し発展させる能力をもつとの見方を示している。

このような観点は、内藤のかねてからの議論に含まれており、自己の漢口勤務時の体験とともに、内藤の著作からもヒントをえたものと推測される。このことが、石原が内藤を訪ね、意見を聞こうとした理由の一つだったと思われる。

ちなみに、右のような見方に関係して、石原は、日本の「満蒙領有」「支那本部領有」は、欧米の「侵略的帝国主義」とは異なると主張している。その理由は、漢民族には自ら治安維持をおこなう能力なく、日本による統治が、「支那民衆」をその「苦境」から救い、彼らに「幸福」をもたらすからだとされている。

だが、このような石原の主張に対しては、「植民地を保有する国なら［欧米諸国を含め］必ず使う類《たぐい》の議論だ」との見方もある（マーク・ピーティ『「日米対決」と石原莞爾』）。

以上のように石原は、世界最終戦争準備への第一段階として満蒙領有を企図し、それが対米持久戦争を引き起こすと考え、対米戦争計画も立案した。そして、自らの満蒙領有論に基づいて、満州事変に着手・実行した。

ただ、現実には満州事変時、アメリカは、石原の危惧した武力介入をおこなわず、対日経済制裁にも踏み切らなかった。満州に関して中国の領土保全や不戦条約に反するような事態は一切認めないとする、スティムソン・ドクトリン（いわゆる不承認宣言）の発表に止めた。

4 永田構想と石原

消耗戦か否か

最後に、このような石原の構想と、前章でみた永田鉄山の構想とを簡単に比較しておこう。

まず、永田と石原が同席し、直接意見を述べあった記録が残っているのでそれを紹介する（「木曜会記事」『鈴木貞一氏談話速記録』）。

一九二八年（昭和三年）一月一九日、偕行社で第三回木曜会が開かれた。そこで石原が、「我が国防方針」と題して報告をおこない、出席者による議論がなされた。その回は永田も出席していた。

石原は、その報告のなかで、「将来戦の予想」として、「国家総動員による消耗戦略にあらずして、……一挙にしかも徹底的に敵を殲滅するにあり。それは空中戦なり」、と述べている。さらに、この「最後の戦争」は、日米が「航空機をもって勝敗を一挙に決する」ものになると指摘する。そして、そのために「全支那を利用する」準備の必要についても言及している。つまり将来戦は消耗戦ではなく殲滅戦だというのである。

これに対して永田が次のように発言している。

「一、将来戦の本質
消耗戦
二、対手

英・米・露

支那は無理に自分のものにする」（「木曜会記事」）

石原が将来戦は消耗戦ではないとしたのに対して、永田は消耗戦だと自らの意見を対置している。またその将来戦の相手として、第一にイギリスをあげ、アメリカはその次の位置におかれ、さらにロシア（ソ連）にも言及している。この順位がどれほどの意味をもつのかは、残された記録だけでは判然としないが、石原は将来戦としてアメリカとの戦争のみに言及しており、この点でも明らかに異なる。

永田にとって将来の消耗戦とは、国家総力戦的な長期の持久戦を意味し、それは国家総動員を必要とするものだった。そのことは、当時の木曜会員にもよく知られていた。したがって、石原の、将来戦は「国家総動員による消耗戦略にあらず」との発言は、同席していた永田を意識してのことだと思われる。それに対して永田があらためて、将来戦は国家総動員を必要とする消耗戦になるとの含意を、自らの考えとして述べているのである。なお、将来戦にさいして、中国を何らかのかたちで日本の影響下に置こうとする点では両者は一致している。

石原は、一九一四年から一九一八年の大戦（いわゆる第一次世界大戦）を、世界戦争ではなく欧州大戦にすぎないとみていた。そして、日米の世界最終戦争が、真の世界大戦となるとしていた。この日米世界最終戦争を石原は「将来戦」としてイメージしている。

だが、永田は、前の大戦を一つの世界戦としてとらえ、次期世界大戦が不可避との判断に立っていた。その次期大戦は、前回の大戦と同様、「国力戦」（国家総力戦）となり長期の持久戦となる、そして日本も否応なくそれに巻き込まれると考えていた。したがって、国家総力戦的な長期の持久戦すなわち消耗戦に備え、国家総動員の準備が必要だと主張していた。永田の将来戦イメージは、その次期世界大戦であり、それゆえ消耗戦とされたのである。

石原も、日米世界最終戦争の前に、日米間で消耗戦争（持久戦）が戦われると想定しており、その意味では、当面する戦争が消耗戦争となるとの見方は両者とも共通していた。だが、石原はその面にはあまり言及せず、日米最終戦争論を前面に押し出し、国家総動員による持久戦争ではなく、徹底的な殲滅戦になるとの発言をおこなったのである。

ただ石原は、日米消耗戦争は国家総動員によるものとはならないと考えていた。彼は、消耗戦争をいくつかの類型に分けたうえで、こうみていた。欧州大戦は頑強な防御線を正面から力で突破しようとして国家総動員型の消耗戦争となった。だが、日米消耗戦争は、欧州戦争の場合とは異なり、作戦地域が広大となるためであり、中国大陸での「戦争により戦争を養う」方式で対応しうる、と。したがって、日米戦争は、最終戦争であれ、それ以前の消耗戦争であれ、国家総動員型のものとはならないと判断していたのである。

なお、永田は次期大戦は持久戦になるとし、石原も当面の対米戦は持久戦になるとしており、ともに持久戦を念頭に置いていた。だが、その持久戦の内容には、国家総動員型か否かの他にも、軽視しえない相違があった。

石原は、日米持久戦において、一定の戦争目的を実現して講和することを想定していた。これに対して、永田は、次期大戦における持久戦は、限定的な戦争目的の実現による途中講和はありえないと考えていた。それは国の生存そのものを賭けた全面戦争となり、どちらかが継戦意志を失うまで続く、執拗で徹底的な戦争となるとみていたからである。

また石原は、同日の木曜会の討論のなかで、「工業は欧米とはいかに努力するも競争できず」と発言しており、欧米諸国との国家総動員型の戦争は回避すべきだと考えていたようである。

だが永田の見方からすれば、日米持久戦の場合、陸上兵力の問題は除外しても、海軍による戦闘は、各種艦船・航空機などを大量に損耗する激しい消耗戦とならざるをえない。それを長期にわたって遂行するには高度の工業生産力と国家総動員が必須となる。石原も、先にふれたように、日米海軍による西太平洋の制海権をめぐる戦闘を想定しており、その点について石原がどう考えていたか、興味を引くところだが、これに関する言及はみあたらない。

さらに、永田は、ヨーロッパ先進諸国間で戦争となれば、それは世界大戦になり、日本もそれに否応なく巻き込まれると考えていた。だが、石原は、日米世界最終戦以前の戦争は世界大戦とはならず、たとえ欧州で大戦となっても、日本はそれに介入すべきでないし、かつそれ（大戦不介入）が可能だと考えていた。これが日中戦争期、永田の構想を継承した武藤（章）と石原との対立（拡大・不拡大）の一要因となる。

領有か独立か

ところで、満州事変当初、関東軍は、このような石原の構想に基づき、「満蒙領有」を基本方針としていた。だが、渡満した建川美次参謀本部作戦部長の強硬な反対意見をうけ、「独立国家」樹立案に方針を変更した。建川作戦部長の「独立新政権」樹立に止めるのが国策だとの主張に、石原ら関東軍が一応譲歩したといえる。だが、その独立国家の内容は、軍事外交・治安維持の権限は日本が掌握し、その経費は満州国が負担するかたちで考えられていた。実質的には石原の満蒙領有案と同様の内実をもつものが想定されていたのである。しかし、その後石原は、この独立国家案が満蒙領有より優れた面をもつとの判断となり、独立国家樹立を積極的に推進していく。

たとえば、一九三二年（昭和七年）八月には、「満州は逐次領土となす」とする永田鉄山参謀本部情報部長に対して、石原は独立国家論を主張している。

「昭和七年八月参謀本部第二部［情報部］において所見を述べたるに、永田少将［情報部長］は満州は逐次領土となす方針なりと称し、余の独立［国家］論に反対を表せり」（「満蒙に関する私見」）

石原の独立国家論の論拠はこうである。「満蒙を領土とし」日本の直接的な統治下に置くことは、最も簡明なる「一方法」だが、反面「漢民族の自尊心を損ずる」という不利がある。それは「近き将来における支那本部の開発」のためには好ましくないことで、むしろ「満州国の健全なる発達」に全力を傾注すべきだ、と。そして石原は、近い将来必要とされる「支那本部の開発」の例として、「山西の石炭、河北の鉄」などの「富源」をあげている。

永田と石原は、陸軍中央（東京）と現地（満州）で、ともに満州事変を主導したが、二人の戦略構想は、このような相違をもっていた。

なお、二人はともに、次期世界大戦への対応（永田）や世界最終戦争（石原）につながらない、従来の、権益擁護・拡張それ自体のための、「権益主義」的な武力行使には否定的であり、その点は共通していた。

両者においては、すべての戦略や政策が、そのような戦略的な最終目的から演繹的論理的に導き出されていることに、その特徴があった。それが、独特の使命感と相まって、少壮中堅の幕僚たちへの吸引力の一つとなっていた。

そして、その戦略構想から、永田・石原ともに、満蒙確保の必要性を重視する観点は共通していたのである。

エピローグ――満州事変から日中戦争・太平洋戦争へ

打ち続く対立・抗争

永田と石原の戦略構想は、前述のような異同をもっていた。だが、その相違は満州事変期には表面化しなかった。満州では石原の構想が、陸軍中央では、一夕会メンバーを中心に永田の構想が、それぞれ互いに補完しながら、満州事変を推し進めた。対満蒙政策では、両者の一致する面が多かったからである。むしろ、当時の民政党内閣（浜口・若槻内閣）や宇垣派陸軍首脳部へ対抗する意味で、二人の戦略構想は多くの点で共通していた。

浜口・若槻両内閣は、九ヵ国条約などに基づくワシントン体制を尊重し、対米英協調方針のみならず、中国市場全体を重視して、満蒙をふくめ対中宥和政策をとっていた。陸軍主流の宇垣派も、満蒙政策においては対ソ戦にそなえ鉄道権益確保を重視していたが、対米英協調、中国の領土保全では、民政党内閣とスタンスを同じくしていた。

それに対して永田と石原の構想は、いずれも中国の門戸開放と領土保全を定めた九ヵ国条約を否定する方向のものであり、その面から必ずしも対米英協調を前提としなかった。

だが、永田・石原らの一夕会主導によって、宇垣派が陸軍首脳部から追放され、政党内閣が終焉。皇道派と統制派の派閥抗争をへて、両者の構想の相違が表面化する。ことにナチス・ドイツ政権誕生とその再軍備宣言、ラインラント進駐など、予想されるヨーロッパでの戦争の危機をどうみるかについての相違は、陸軍のなかで軽視しえない意味をもってくることになる。

それは、一九三五年（昭和一〇年）に永田が暗殺された後、彼の構想を受け継いだ武藤章作戦課長と、その上司である石原作戦部長との対立・抗争というかたちで顕在化する。そしてその対立が、日中戦争の重要な要因の一つとなっていく。

日中関係は、一九三三年（昭和八年）五月の塘沽停戦協定締結後、斎藤・岡田内閣のもとで、しばらく小康状態が続いた。中国側も、国際連盟やアメリカが日本に対する具体的制裁に動かない状況から、蒋介石ら国民党は対日融和の方向に軌道修正していた。

だが、一九三五年（昭和一〇年）にはいると、支那駐屯軍・関東軍主導での華北分離工作がはじまる。同年五月、天津日本租界での親日系新聞社長暗殺事件や日中両軍の小競り合いが起こった。それを理由に、酒井隆《さかいたかし》支那駐屯軍参謀長らの主導のもと日本側現地軍は中国側に強硬姿勢を示し、六月、梅津＝何《か》応欽《おうきん》協定、土肥原＝秦徳純《しんとくじゅん》協定によって国民党勢力を河北省・察哈爾《チャハル》省より排除した。

さらに、同年八月六日、陸軍次官から関東軍・支那駐屯軍などにたいして、「対北支那政策」が通達された。そこには、「方針」として、「北支那に於ける一切の反満抗日的策動を解消して、日満両国との間に経済的文化的融通提携を実現」すること。「要綱」として、河北・察哈爾・山東・山西・綏遠《すいえん》の「北支五省」を、「南京政権の政令によって左右せられず、自治的色彩濃厚なる親日満地帯たらしむる」こと、などが記されてある。

それは、華北五省の自治化による南京政府からの分離、すなわち華北分離にむけての工作を指示したものだった。そこでは、満州国の背後の安定とともに、日本・満州・華北による経済圏を形成し、華北五省の市場と資源の獲得が意図されていた。

この「対北支那政策」および陸軍次官による通達文書は、「対北支政策に関する件」として書類が現存している。

それによれば、陸軍省軍務局軍事課において起案され陸軍大臣の承認を受けたもので、主務課員は武藤章・片倉衷である。主務局長として永田軍務局長の承認印も押されている。当時、武藤・片倉ともに統制派系で永田の強い影響下にあった。したがってその内容は永田の意向でもあったと考えられ、これまでみてきた永田の構想——次期大戦に備える国家総動員体制の整備と、そのための資源の確保——の延長線上にあるものだった。

しかし、その約一週間後の八月一二日、永田は陸軍省で執務中に殺害される。

その後、華北分離工作が本格化し、一一月、河北省東部に親日的な冀東《きとう》防共自治委員会（委員長殷汝耕《いんじょこう》）を発足させ、翌月冀東防共自治政府と改称、いわゆる冀東政権が成立する。華北の一部に、事実上日本の強い影響下にある独立政権が誕生したのである。

また同月、日本側の要求と国民政府との妥協によって、日中間の緩衝地帯として、河北・察哈爾両省にまたがる冀察《きさつ》政務委員会（委員長宋哲元《そうてつげん》）が発足。翌年一月、岡田啓介内閣は、華北五省の自治化を企図する第一次北支処理要綱を閣議決定する。

そして翌一九三七年（昭和一二年）七月、盧溝橋事件が勃発。日中戦争となっていく。その過程で、戦争の拡大・不拡大をめぐって石原と武藤の対立・抗争が生じるが、ここでは、これ以上立入らない。

このように、永田・石原らによって、満州事変が推し進められ、それを契機に、陸軍での権力転換が実現し、さらに政党政治が崩壊することとなった。そして、満州事変は、その後の軍部（陸軍）支配、日中戦争、そして太平洋戦争への起点となる。

だが、事変後、永田は日中戦争前に暗殺され、石原も日中戦争中に武藤らとの抗争に敗れ失脚、陸軍を去る。しかし、二人の戦略構想は陸軍内で生き続けた。永田の構想は、統制派の武藤章、東条英機、冨永恭次などに受け継がれ、彼らが陸軍主流となる。また石原の構想は、石原の失脚後陸軍内部では徐々に影響力を失い、陸軍は基本的な方向性として、永田構想の延長線上のラインで進んでいくことになる。だが、太平洋戦争開戦前に田中新一（参謀本部作戦部長）の対米戦略論のなかに再び石原構想が姿をあらわす。

太平洋戦争開戦当時、日本の政治・軍事を主導していたのは陸軍だった。そして開戦決定のさい陸軍をリードしていたのは、東条英機首相兼陸相、武藤章陸軍省軍務局長、田中新一参謀本部作戦部長の三人である。三人は、ともに広い意味での統制派系（東条・武藤は永田生前からの統制派、田中は統制派メンバーの影響を受けた狭義の統制派系）で、さらに永田・石原と同様、一夕会員だった。

田中は、もともと石原に近い関係にあり、強い影響を受けていた。だが、その後、陸士同期で統制派の武藤や冨永と親しい関係から、日中戦争前、永田の影響の系列に入り統制派系となる。したがって、日中戦争時に石原と武藤が対立したさいには、武藤側につき石原と敵対した。この段階で石原との個人的関係は切れ、大きくは永田の構想のラインで進んでいく。だが、日米開戦前、その田中の戦略論のなかに、石原の世界最終戦論構想（およびその対米持久戦論）が生かされることになる。ただ大枠としては永田の構想のなかにあり、その枠内で石原の構想が再出する。

そこから、太平洋戦争直前、対米戦略をめぐって永田構想を継承した武藤と、石原構想を取り入れた田中が激しく対立することとなる。それは、ある意味で、永田と石原の構想の異同、その位相のズレ（次期世界大戦不可避論と世界最終戦論）が、あらためて表面化したものといえる。

したがって、昭和陸軍の太平洋戦争への道程は、満州事変を起点に、それを主導した永田と石原の戦略構想を二つの焦点軸（永田構想が主軸）として、一種の楕円形を描きながら、それが螺旋形状に展開していったものとみることもできる。

太平洋戦争開戦二年前の一九三九年（昭和一四年）、武藤が陸軍省軍務局長に、冨永恭次が参謀本部作戦部長に就任。翌年、東条が第二次近衛文麿内閣の陸軍大臣となり、永田存命中の統制派メンバーである東条・武藤・冨永が、陸軍中枢に座ることとなった。この体制によって日独伊三国軍事同盟が結ばれる。

だが、冨永は、北部仏印への強引な武力進駐によって更迭され、後任として田中新一が作戦部長に就任。東条陸相のもと、統制派系の武藤・田中が陸軍省・参謀本部をリードしていくこととなった。この第二次近衛内閣下の、東条陸相、武藤軍務局長、田中作戦部長によって、南部仏印進駐がおこなわれ、アメリカの対日石油禁輸処置を受けることになる。また、南部仏印進駐前、独ソ戦が始まっていた。

そして近衛内閣総辞職（一九四一年）後、東条が陸相兼任のまま首相となり、陸軍省は武藤軍務局長、真田穣一郎《さなだじょういちろう》軍事課長、佐藤賢了《さとうけんりょう》軍務課長ら、参謀本部は田中作戦部長、服部《はっとり》卓四郎《たくしろう》作戦課長ら、統制派系の幕僚が主導する体制で、太平洋戦争に突入していく。全面的石油禁輸を受けた状態のなか、アメリカ側から仏印のみならず中国からの撤兵要求を突きつけられたことが、重要な要因となった。

この時、日米開戦に至る過程で、対米戦略をめぐって、武藤軍務局長と田中作戦部長が激しく対立する。

武藤は、日独伊ソ四国の提携によってアメリカを中立化させイギリスを打倒し、大東亜共栄圏の形成をはかろうとしていた。だが、独ソ開戦によって日独伊ソの連携が崩れて以降、三国同盟を事実上空文化して対米戦を回避しようとする。

それに対して早くから対米必戦論の見地に立っていた田中は、三国同盟を堅持するとともに、対ソ開戦によってソ連を挟撃し、あくまでもイギリスの崩壊、大東亜共栄圏の形成を図り、対米戦に備えようとする。

この武藤と田中の対立の背景には、永田と石原の戦略構想の相違があった。武藤は永田の後継者として自他ともに許す存在だった。田中もまた陸士同期の武藤や冨永（ともに永田直系の統制派）を経由して、次期大戦不可避論を含め、大きくは永田の構想の影響下にあった。

だが田中はかつて石原と近い関係にあり、なお潜在的には世界最終戦論など、石原の戦略構想からの強い影響を残していたのである。ことに世界最終戦への田中の執着は、彼が早い時期に日米必戦論に踏み出す強い誘因となる。

このような経緯については、別著を準備しているので、そちらで詳述したいと考えている。

参考文献（主要なものに限る）

一、永田鉄山関係

永田鉄山刊行会編『秘録永田鉄山』、芙蓉書房、一九七二年。

臨時軍事調査委員（永田鉄山執筆）『国家総動員に関する意見』、陸軍省、一九二〇年。

永田鉄山「国防に関する欧州戦の教訓」『中等学校地理歴史科教員協議会議事及講演速記録』第四回、一九二〇年。

永田鉄山「伊太利の怪傑ベニト、ムソリニ首相と黒シャツ団」『偕行社記事』第五八四号、一九二三年。

永田鉄山「国家総動員の概説」『大日本国防義会々報』第九三号、一九二六年。

永田鉄山「国家総動員準備施設と青少年訓練」沢本孟虎編『国家総動員の意義』、青山書院、一九二六年。

永田鉄山「青年訓練の教練について」『社会教育』第三巻第九号・第一〇号、一九二六年。

永田鉄山「現代国防概論」遠藤二雄編『公民教育概論』、義済会、一九二七年。

永田鉄山「国家総動員」『昭和二年帝国在郷軍人会講習会講義録』、帝国在郷軍人会本部、一九二七年。

永田鉄山『国家総動員』、大阪毎日新聞社、一九二八年。

永田鉄山『新軍事講本』、青年教育普及会、一九三二年。

永田鉄山「満蒙問題感懐の一端」『外交時報』第六六八号、一九三二年。

永田鉄山「陸軍の教育」『岩波講座教育科学』第一八冊、岩波書店、一九三三年。
永田鉄山「国防の根本義」『真崎甚三郎文書』、国立国会図書館所蔵。
舩木繁『支那派遣軍総司令官岡村寧次大将』、河出書房新社、一九八四年。
森靖夫『永田鉄山』、ミネルヴァ書房、二〇一一年。
川田稔『浜口雄幸と永田鉄山』、講談社選書メチエ、二〇〇九年。

二、石原莞爾関係

角田順編『石原莞爾資料・国防論策篇』、原書房、一九八四年。
角田順編『石原莞爾資料・戦争史論』、原書房、一九九四年。
石原莞爾『最終戦争論』、中公文庫、二〇〇一年。
石原莞爾『戦争史大観』、中公文庫、二〇〇二年。
玉井礼一郎編『石原莞爾選集』全一〇巻、たまいらぼ、一九八五―八六年。
田中新一「石原莞爾の世界観」『文藝春秋』、昭和四〇年二月号、一九六五年。
横山臣平『秘録石原莞爾』、芙蓉書房出版、一九七一年。
マーク・ピーティ『「日米対決」と石原莞爾』、たまいらぼ、一九九三年。
阿部博行『石原莞爾―生涯とその時代』、法政大学出版局、二〇〇五年。

野村乙二朗『毅然たる孤独・石原莞爾の肖像』、同成社、二〇一二年。

三、昭和初期陸軍一般（論文・外国語文献・未公刊の個人関係文書は除く）

同時代の記録

陸軍省『大日記』、防衛省防衛研究所・国立公文書館所蔵。

参謀本部『満州事変作戦指導関係綴』（全四巻）、防衛省防衛研究所所蔵。

参謀本部『満州事変作戦指導関係綴』別冊（全三巻）、防衛省防衛研究所所蔵。

参謀本部編（小磯国昭執筆）『帝国国防資源』、参謀本部、一九一七年。

参謀本部編『満州事変作戦経過ノ概要』、偕行社、一九三五年。

参謀本部庶務課『参謀本部歴史』、防衛省防衛研究所所蔵。

臨事軍事調査委員『物質的国防要素充実に関する意見』、陸軍省、一九二〇年。

本庄繁『本庄日記』、原書房、一九六七年。

角田順校訂『宇垣一成日記』、みすず書房、一九六八―七一年。

伊藤隆・佐々木隆・季武嘉也・照沼康孝編『真崎甚三郎日記』、山川出版社、一九八一―八七年。

波多野澄雄・黒澤文貴・波多野勝編『侍従武官長奈良武次日記・回顧録』、柏書房、二〇〇〇年。

尚友倶楽部編『上原勇作日記』、芙蓉書房出版、二〇一一年。

『満州事変』（『現代史資料』第七巻）、みすず書房、一九六四年。

『続・満州事変』（『現代史資料』第一一巻）、みすず書房、一九六五年。

日本国際政治学会太平洋戦争原因研究部編『太平洋戦争への道・別巻　資料編』、朝日新聞社、一九六三年。

外務省編『日本外交文書・満州事変』、外務省、一九七七―八一年。

原秀男・澤地久枝・匂坂哲郎編『検察秘録五・一五事件』、角川書店、一九八九―九一年。

原田熊雄述『西園寺公と政局』、岩波書店、一九五〇―五六年。

木戸日記研究会校訂『木戸幸一日記』、東京大学出版会、一九六六年。

伊藤隆・広瀬順晧編『牧野伸顕日記』、中央公論社、一九九〇年。

尚友倶楽部編『岡部長景日記』、柏書房、一九九三年。

高橋紘・粟屋憲太郎・小田部雄次編『昭和初期の天皇と宮中――侍従次長河井弥八日記』、岩波書店、一九九三―九四年。

「関谷貞三郎日記」『関谷貞三郎関係文書』、国立国会図書館憲政資料室所蔵。

小川平吉文書研究会編『小川平吉関係文書』、みすず書房、一九七三年。

上原勇作関係文書研究会編『上原勇作関係文書』、東京大学出版会、一九七六年。

宇垣一成文書研究会編『宇垣一成関係文書』、芙蓉書房出版、一九九五年。

池井優・波多野勝・黒沢文貴編『濱口雄幸　日記・随感録』、みすず書房、一九九一年。

川田稔編『浜口雄幸集　論述・講演篇』、未來社、二〇〇〇年。

回想類

『片倉衷氏談話速記録』、日本近代史料研究会、一九八二―八三年。
『鈴木貞一氏談話速記録』、日本近代史料研究会、一九七一、一九七四年。
『西浦進氏談話速記録』、日本近代史料研究会、一九六八年。
『今村均政治談話録音速記録』、一九九五年、国立国会図書館所蔵。
『男爵若槻礼次郎談話速記』、ゆまに書房、一九九九年。
池田純久『日本の曲り角』、千城出版、一九六八年。
今村均『今村均回顧録』、芙蓉書房出版、一九九三年。
遠藤三郎『日中十五年戦争と私』、日中書林、一九七四年。
大蔵栄一『二・二六事件への挽歌』、読売新聞社、一九七一年。
稲葉正夫編『岡村寧次大将資料』、原書房、一九七〇年。
片倉衷『戦陣随録』、経済往来社、一九七二年。
片倉衷『片倉参謀の証言　叛乱と鎮圧』、芙蓉書房、一九八一年。
河辺虎四郎『市ヶ谷台から市ヶ谷台へ』、時事通信社、一九六二年。

小磯国昭『葛山鴻爪』、小磯国昭自叙伝刊行会、一九六三年。
幣原喜重郎『外交五十年』、読売新聞社、一九五一年。
末松太平『私の昭和史』、みすず書房、一九六三年。
種村佐孝『大本営機密日誌』、芙蓉書房、一九七九年。
土橋勇逸『軍服生活四十年の想出』、勁草出版サービスセンター、一九八五年。
西浦進『昭和戦争史の証言』、原書房、一九八〇年。
武藤章『比島から巣鴨へ』、実業之日本社、一九五二年。
守島康彦編『昭和の動乱と守島伍郎の生涯』、葦書房、一九八五年。
若槻礼次郎『明治・大正・昭和政界秘史』、講談社学術文庫、一九八三年。

研究書・一般向け図書

荒川憲一『戦時経済体制の構想と展開』、岩波書店、二〇一一年。
麻田貞雄『両大戦間の日米関係』、東京大学出版会、一九九三年。
伊藤隆『昭和初期政治史研究』、東京大学出版会、一九六九年。
伊藤之雄『昭和天皇と立憲君主制の崩壊』、名古屋大学出版会、二〇〇五年。
伊藤之雄『昭和天皇伝』、文藝春秋、二〇一一年。

井上敬介『立憲民政党と政党改良』、北海道大学出版会、二〇一三年。

入江昭『極東新秩序の模索』、原書房、一九六八年。

入江昭『米中関係のイメージ』、平凡社ライブラリー、二〇〇二年。

臼井勝美『日中外交史』、塙新書、一九七一年。

臼井勝美『満州事変』、中公新書、一九七四年。

臼井勝美『満洲国と国際連盟』、吉川弘文館、一九九五年。

江口圭一『十五年戦争の開幕』、小学館ライブラリー、一九九四年。

大石嘉一郎編『日本帝国主義史』、東京大学出版会、一九八五―九四年。

緒方貞子『満州事変と政策の形成過程』、原書房、一九六六年。

奥健太郎『昭和戦前期立憲政友会の研究』慶應義塾大学出版会、二〇〇四年。

加藤陽子『満州事変から日中戦争へ』、岩波新書、二〇〇七年。

刈田徹『昭和初期政治・外交史研究』、人間の科学社、一九七八年。

北岡伸一『官僚制としての日本陸軍』、筑摩書房、二〇一二年。

橘川学『嵐と闘ふ哲将荒木』、荒木貞夫将軍伝記編纂刊行会、一九五五年。

木畑洋一・イアン・ニッシュ・細谷千博・田中孝彦編『日英交流史（1600–2000）』、東京大学出版会、二〇〇〇―〇一年。

近代日本研究会編『昭和期の軍部』、山川出版社、一九七九年。

久保亨『戦間期中国〈自立への模索〉』、東京大学出版会、一九九九年。

黒沢文貴『大戦間期の日本陸軍』、みすず書房、二〇〇〇年。

黒野耐『帝国国防方針の研究』、総和社、二〇〇〇年。

小池聖一『満州事変と対中国政策』、吉川弘文館、二〇〇三年。

黄自進『蒋介石と日本』、武田ランダムハウスジャパン、二〇一二年。

河野収編『近代日本戦争史』第三編、紀伊國屋書店、一九九五年。

小林道彦『政党内閣の崩壊と満州事変』、ミネルヴァ書房、二〇一〇年。

小山俊樹『憲政常道と政党政治』、思文閣出版、二〇一二年。

後藤春美『上海をめぐる日英関係 1925–1932年』、東京大学出版会、二〇〇六年。

酒井哲哉『大正デモクラシー体制の崩壊』、東京大学出版会、一九九二年。

酒井哲哉『近代日本の国際秩序論』、岩波書店、二〇〇七年。

佐藤元英『昭和初期対中国政策の研究』、原書房、一九九二年。

佐藤元英『近代日本の外交と軍事』、吉川弘文館、二〇〇〇年。

須山幸雄『小畑敏四郎』、芙蓉書房出版、一九八三年。

クリストファー・ソーン『満州事変とは何だったのか』、市川洋一訳、草思社、一九九四年。

高橋正衛『昭和の軍閥』、中公新書、一九六九年。

高橋泰隆『日本植民地鉄道史論』、日本経済評論社、一九九五年。

高光佳絵『アメリカと戦間期の東アジア』、青弓社、二〇〇八年。

高宮太平『順逆の昭和史』、原書房、一九七一年。

竹山護夫『昭和陸軍の将校運動と政治抗争』、名著刊行会、二〇〇八年。

茶谷誠一『昭和戦前期の宮中勢力と政治』、吉川弘文館、二〇〇九年。

筒井清忠『昭和期日本の構造』、有斐閣、一九八四年。

時任英人『犬養毅』、論創社、一九九一年。

戸部良一『逆説の軍隊』、中央公論社、一九九八年。

戸部良一『日本陸軍と中国』、講談社選書メチエ、一九九九年。

永井和『近代日本の軍部と政治』、思文閣出版、一九九三年。

永井和『青年君主昭和天皇と元老西園寺』、京都大学学術出版会、二〇〇三年。

中野雅夫『橋本大佐の手記』、みすず書房、一九六三年。

中村勝範編『満州事変の衝撃』、勁草書房、一九九六年。

中村菊男編『昭和陸軍秘史』、番町書房、一九六八年。

日本国際政治学会太平洋戦争原因研究部編『太平洋戦争への道』、朝日新聞社、一九六二—六三年。

秦郁彦『軍ファシズム運動史』、原書房、一九六二年。

秦郁彦『昭和史を縦走する』、グラフ社、一九八四年。

服部龍二『東アジア国際環境の変動と日本外交1918-1931』、有斐閣、二〇〇一年。

藤田嗣雄『明治軍制』、信山社出版、一九九二年。

馬場明『満州事変』（鹿島平和研究所編『日本外交史』第一八巻）、鹿島研究所出版会、一九七三年。

馬場明『日中関係と外政機構の研究』、原書房、一九八三年。

御手洗辰雄編『南次郎』、南次郎伝記刊行会、一九五七年。

村井良太『政党内閣制の展開と崩壊　一九二七〜三六年』、有斐閣、二〇一四年。

防衛庁防衛研修所戦史室編『大本営陸軍部』、朝雲新聞社、一九六七—七五年。

防衛庁防衛研修所戦史室編『関東軍』、朝雲新聞社、一九六九、七四年。

防衛庁防衛研修所戦史部『陸軍軍戦備』、朝雲新聞社、一九七九年。

保阪正康『昭和陸軍の研究』、朝日新聞社、一九九九年。

保阪正康『東条英機と天皇の時代』、ちくま文庫、二〇〇五年。

細谷千博編『日英関係史』、東京大学出版会、一九八二年。

細谷千博・斎藤真・今井清一・蠟山道雄編『日米関係史・開戦に至る十年』、東京大学出版会、一九七一—七二年。

堀真清編著『宇垣一成とその時代』、新評論、一九九九年。

堀真清『西田税と日本ファシズム運動』、岩波書店、二〇〇七年。

松下芳男『明治軍制史論』、国書刊行会、一九七八年。

松下芳男『日本軍閥興亡史』、芙蓉書房出版、二〇〇一年。

三和良一『戦間期日本の経済政策史的研究』、東京大学出版会、二〇〇三年。

三宅正樹・秦郁彦・藤村道生・義井博編『昭和史の軍部と政治』、第一法規出版、一九八三年。

森克己『満洲事変の裏面史』、国書刊行会、一九七六年。

森靖夫『日本陸軍と日中戦争への道』、ミネルヴァ書房、二〇一〇年。

安井三吉『柳条湖事件から盧溝橋事件へ』、研文出版、二〇〇三年。

矢次一夫『昭和動乱私史』、経済往来社、一九七一、七三年。

矢次一夫『昭和人物秘録』、新紀元社、一九五四年。

山浦貫一編『森恪』、原書房、一九八二年。

山田智、黒川みどり共著『内藤湖南とアジア認識』、勉誠出版、二〇一三年。

山本四郎校訂『立憲政友会史』、日本図書センター、一九九〇年。

芳井研一『環日本海地域社会の変容』、青木書店、二〇〇〇年。

立命館大学西園寺公望伝編纂委員会編『西園寺公望伝』、岩波書店、一九九〇—九七年。

渡邊行男『宇垣一成』、中公新書、一九九三年。

あとがき

来年二〇一五年（平成二七年）八月、太平洋戦争終戦七〇年目を迎える。

太平洋戦争は、国内外に悲惨な結果をもたらした。日本人戦没者は約三一〇万人、アジアでの犠牲者は推計約二〇〇〇万人とされている。

それは日本人にとって最も痛切な歴史的経験だったといえる。

そのような戦争をなぜ日本は始めたのだろうか。

終戦七〇年目を迎え、多くの人々が、あのような悲惨な結果をもたらした太平洋戦争の原因と経緯を、あらためて現在の時点から考察する必要を感じているのではないだろうか。

日本にとって太平洋戦争は、おもにアメリカを相手とする戦争だった。

当時日本の政治を主導していたのは陸軍であり、その中枢の人々は、アメリカと日本の国力差は約二〇倍あると認識していた。

対米開戦時に重要な役割を果たした陸軍軍人たちは、当時の日本社会でも知的エリートだった。そして彼らは、戦争が国力の戦いになることを十分承知していた。

にもかかわらず、彼らは、なぜ日米開戦を決意したのだろうか。
また彼等は、なぜ、どのようにして、太平洋戦争へと至る道を進んでいったのだろうか。

筆者の関心はその点にある。

そして、現在を生きる我々にとっても、あの戦争の原因と開戦経過を、あらためて考察することは、十分意味があることだと考えている。

本書は、そのような観点から、満州事変期に焦点をあて、昭和期の陸軍の動きを描いた。

満州事変は、昭和戦前期の歴史にとって、大きなターニング・ポイント（転換点）となった出来事である。

満州事変期において、陸軍での大きな権力転換が起こった。政党政治や当時の国際秩序に親和的だった田中・宇垣系のグループが陸軍中央から排除され、かわって一夕会系の中堅幕僚が陸軍の実権をにぎる。そこから政党政治が崩壊に追いこまれ、さらに国際連盟脱退となる。

この満州事変を契機に、日本は日中戦争、太平洋戦争へと進んでいくのである。

したがって、本書では、満州での関東軍の動き、それをめぐる陸軍における宇垣派首脳部と一夕会系幕僚の抗争、陸軍と政党内閣（若槻内閣）の攻防を、比較的詳細に描いた。また、陸軍中央の一夕会系幕僚と、満州の関東軍を、それぞれ主導した永田鉄山と石原莞爾の戦略構想についても、かなりのスペースをさいて紹介した。

　永田と石原の構想は、満州事変期のみならず、その後、日中戦争期や太平洋戦争開戦期の陸軍に対しても、少なからぬ影響を与えることになる。

　日中戦争期には永田はすでに死去していたが、その構想は永田の影響下にあった武藤章に受け継がれた。そして、永田と石原の構想の相違が、戦争初期の拡大・不拡大をめぐる石原作戦部長と武藤作戦課長の抗争の要因となる。また、石原は日中戦争の進行のなかで失脚し、その後陸軍を去ったが、その構想の一部は太平洋戦争開戦期に田中新一のなかに再出する。

　対米開戦時、陸軍をリードしていたのは、東条英機首相兼陸相、武藤章軍務局長、田中新一作戦部長の三人だった。そして永田と石原の戦略構想の相違が、日米開戦をめぐる武藤軍務局長と田中作戦部長の激しい対立の一つの重要な要因となる。

　こうした日中戦争期前後から太平洋戦争期の陸軍の動向については、別著を準備しているので、そちらをご覧いただきたい。

　本書では、おもに満州事変期について、永田、石原ら一夕会の動きにかなりの比重を置いた。それは、永田、石原の戦略構想や一夕会の流れが、その後の日中戦争、太平洋戦争への展開に少なからぬ影響を与えたのではないかと考えられるからである。

その当否については読者の判断を仰ぐしかない。

多様な角度から、忌憚のないご意見ご批評をいただければと思う。

なお、執筆にさいし、読みやすさを考慮して、引用文は、旧漢字・旧かなづかいを現行のものに、カタカナ文をひらがな文に、また一部の漢字をひらがなに改めた。句読点についても一部加除した。

最後に、編集を担当していただいた山崎比呂志さん、所澤淳さんに、心からお礼を申し上げたい。山崎さんには、拙著『浜口雄幸と永田鉄山』（講談社選書メチエ）以来、さまざまな面で相談に乗っていただき、今回もまた編集者の視点から多々貴重なアドバイスを受けた。所収の写真も、山崎さんのお力添えによっている。所澤さんには、前著『戦前日本の安全保障』（講談社現代新書）に引き続き、本書の企画を立てていただいた。お二人の変わらぬご厚情に、あらためて感謝の意を表したいと思う。

二〇一四年初夏

川田　稔

講談社現代新書　2272

昭《しょう》和《わ》陸《りく》軍《ぐん》全《ぜん》史《し》　1　満《まん》州《しゅう》事《じ》変《へん》

二〇一四年七月二〇日第一刷発行　二〇二〇年九月九日第九刷発行

著　者　川田《かわだ》稔《みのる》

発行者　渡瀬昌彦

発行所　株式会社講談社

東京都文京区音羽二丁目一二―二一　郵便番号一一二―八〇〇一

電　話　〇三―五三九五―三五二一　編集（現代新書）
〇三―五三九五―四四一五　販売
〇三―五三九五―三六一五　業務

装幀者　中島英樹

印刷所　大日本印刷株式会社

製本所　株式会社国宝社

定価はカバーに表示してあります　Printed in Japan

N.D.C.210.7　378p　18cm
ISBN978-4-06-288272-9

「講談社現代新書」の刊行にあたって

教養は万人が身をもって養い創造すべきものであって、一部の専門家の占有物として、ただ一方的に人々の手もとに配布され伝達されうるものではありません。

しかし、不幸にしてわが国の現状では、教養の重要な養いとなるべき書物は、ほとんど講壇からの天下りや単なる解説に終始し、知識技術を真剣に希求する青少年・学生・一般民衆の根本的な疑問や興味は、けっして十分に答えられ、解きほぐされ、手引きされることがありません。万人の内奥から発した真正の教養への芽ばえが、こうして放置され、むなしく滅びさる運命にゆだねられているのです。

このことは、中・高校だけで教育をおわる人々の成長をはばんでいるだけでなく、大学に進んだり、インテリと目されたりする人々の精神力の健康さえもむしばみ、わが国の文化の実質をまことに脆弱なものにしています。単なる博識以上の根強い思索力・判断力、および確かな技術にささえられた教養を必要とする日本の将来にとって、これは真剣に憂慮されなければならない事態であるといわなければなりません。

わたしたちの「講談社現代新書」は、この事態の克服を意図して計画されたものです。これによってわたしたちは、講壇からの天下りでもなく、単なる解説書でもない、もっぱら万人の魂に生ずる初発的かつ根本的な問題をとらえ、掘り起こし、手引きし、しかも最新の知識への展望を万人に確立させる書物を、新しく世の中に送り出したいと念願しています。

わたしたちは、創業以来民衆を対象とする啓蒙の仕事に専心してきた講談社にとって、これこそもっともふさわしい課題であり、伝統ある出版社としての義務でもあると考えているのです。

一九六四年四月　野間省一

日本史Ⅰ

G

日本史Ⅱ

2319 昭和陸軍全史3——川田稔
2328 タモリと戦後ニッポン　近藤正高
2330 弥生時代の歴史——藤尾慎一郎
2343 天下統一——黒嶋敏
2351 戦国の陣形——乃至政彦
2376 昭和の戦争——井上寿一
2380 刀の日本史——加来耕三
2382 田中角栄——服部龍二
2394 井伊直虎——夏目琢史
2398 日米開戦と情報戦——森山優
2401 愛と狂瀾のメリークリスマス　堀井憲一郎
2402 ジャニーズと日本——矢野利裕
2405 織田信長の城——加藤理文
2414 海の向こうから見た倭国　高田貫太
2417 ビートたけしと北野武　近藤正高
2428 戦争の日本古代史——倉本一宏
2438 飛行機の戦争 1914-1945——一ノ瀬俊也
2449 天皇家のお葬式——大角修
2451 不死身の特攻兵——鴻上尚史
2453 戦争調査会——井上寿一
2454 縄文の思想——瀬川拓郎
2460 自民党秘史——岡崎守恭
2462 王政復古——久住真也

世界史Ⅰ

834 ユダヤ人――上田和夫
930 フリーメイソン――吉村正和
934 大英帝国――長島伸一
968 ローマはなぜ滅んだか 弓削達
1017 ハプスブルク家――江村洋
1019 動物裁判――池上俊一
1076 デパートを発明した夫婦 鹿島茂
1080 ユダヤ人とドイツ――大澤武男
1088 ヨーロッパ「近代」の終焉――山本雅男
1097 オスマン帝国――鈴木董
1151 ハプスブルク家の女たち 江村洋
1249 ヒトラーとユダヤ人 大澤武男

1252 ロスチャイルド家 横山三四郎
1282 戦うハプスブルク家 菊池良生
1283 イギリス王室物語――小林章夫
1321 聖書vs.世界史――岡崎勝世
1442 メディチ家――森田義之
1470 中世シチリア王国――高山博
1486 エリザベスI世――青木道彦
1572 ユダヤ人とローマ帝国 大澤武男
1587 傭兵の二千年史――菊池良生
1664 新書ヨーロッパ史 中世篇 堀越孝一 編
1673 神聖ローマ帝国――菊池良生
1687 世界史とヨーロッパ 岡崎勝世
1705 魔女とカルトのドイツ史――浜本隆志

1712 宗教改革の真実――永田諒一
2005 カペー朝――佐藤賢一
2070 イギリス近代史講義――川北稔
2096 モーツァルトを「造った」男――小宮正安
2281 ヴァロワ朝――佐藤賢一
2316 ナチスの財宝――篠田航一
2318 ヒトラーとナチ・ドイツ 石田勇治
2442 ハプスブルク帝国――岩崎周一

日本語・日本文化

105 タテ社会の人間関係　中根千枝
293 日本人の意識構造──会田雄次
444 出雲神話──松前健
1193 漢字の字源──阿辻哲次
1200 外国語としての日本語──佐々木瑞枝
1239 武士道とエロス──氏家幹人
1262 「世間」とは何か──阿部謹也
1432 江戸の性風俗──氏家幹人
1448 日本人のしつけは衰退したか──広田照幸
1738 大人のための文章教室　清水義範
1943 なぜ日本人は学ばなくなったのか──齋藤孝
1960 女装と日本人──三橋順子
2006 「空気」と「世間」──鴻上尚史
2013 日本語という外国語　荒川洋平
2067 日本料理の贅沢──神田裕行
2092 新書 沖縄読本──下川裕治　仲村清司 著・編
2127 ラーメンと愛国──速水健朗
2173 日本人のための日本語文法入門──原沢伊都夫
2200 漢字雑談──高島俊男
2233 ユーミンの罪──酒井順子
2304 アイヌ学入門──瀬川拓郎
2309 クール・ジャパン!?　鴻上尚史
2391 げんきな日本論──橋爪大三郎　大澤真幸
2419 京都のおねだん──大野裕之
2440 山本七平の思想──東谷暁

P